Die

Waldeisenbahnen.

Von

Adolf Runnebaum,

Königl. Forstmeister und Docent der Geodäsie und der Waldwegebaukunde an der Forstakademie zu Eberswalde.

Mit zahlreichen in den Text gedruckten Figuren und 17 autographirten Tafeln.

Springer-Verlag Berlin Heidelberg GmbH 1886

Additional material to this book can be downloaded from http://extras.springer.com

ISBN 978-3-662-23916-2 ISBN 978-3-662-26028-9 (eBook)
DOI 10.1007/978-3-662-26028-9

Vorwort.

In einer Zeit, in welcher — wie gegenwärtig — Produktion und Konsumtion, Angebot und Nachfrage in sehr vielen Zweigen der Industrie und des Gewerbes in ein so schroffes Mißverhältniß getreten sind, daß der Preis vieler Waaren auf das äußerste Maß herabgedrückt ist, erscheint es natürlich, daß jeder darauf abzielende Versuch, die Produktions-Selbstkosten zu vermindern, sowie ein größeres Absatzgebiet zu erschließen und eine vermehrte Nachfrage zu erwecken, erhöhte Bedeutung gewinnen muß.

In sehr vielen Gewerbszweigen bilden die Transportkosten, welche auf die zur Herstellung einer Waare erforderlichen Rohmaterialien sowohl, wie auf das Halbfabrikat, oder das ganz fertige Produkt entfallen, bis das letztere an dem Orte seiner Konsumtion in die Hände des Konsumenten übergehen kann, einen sehr wichtigen, unter vielen Umständen sogar ausschlaggebenden Theil dieser Selbstkosten.

In ganz hervorragender Weise ist dieses im forstlichen Gewerbe der Fall.

Bei keinem Handelsartikel bilden die Transportkosten einen so namhaften Theil des Marktpreises, wie gerade beim Hauptprodukte des Waldes, beim Holze. Es ist Thatsache, daß der Stamm im Walde und der Stamm auf dem Markte, ohne daß er seine Form geändert zu haben braucht, zwei völlig verschiedene Werthobjekte sind. Das Bestreben der Forstverwaltungen wird deshalb dahin gerichtet sein müssen, die Differenz des Waldpreises und des Marktpreises zu Gunsten des ersteren zu verringern, um dadurch die Waldrente möglichst aufzubessern.

Mittel zur Erreichung dieses Zieles sind uns vor Allem in der Verminderung der Transportkosten durch Einführung der rationellsten Transportmethode gegeben, ja es darf behauptet werden, daß der wirthschaftliche Werth des Waldes heute von der Lösung der Frage mit abhängt, wie bei gleichem Arbeitsaufwande und Kosten — Verzinsung der Wegeanlagen, direkte Ausgaben — möglichst große Holzmassen transportirt werden können.

Verfasser hat seit Jahren diesem Gegenstande in Folge der von ihm in verschiedenen Provinzen des preußischen Staates ausgeführten und geleiteten Arbeiten der Waldwegenetzlegung und der in anderen Staaten in Augenschein genommenen Holztransport-Einrichtungen seine ganz besondere Aufmerksamkeit schenken können. Die hierbei gesammelten Erfahrungen sind von ihm in verschiedenen Abhandlungen der Danckelmann'schen Zeitschrift für Forst- und Jagdwesen und in der Jubiläumsschrift der Forstakademie Eberswalde erörtert worden.

Von ganz besonderem Interesse für den Verfasser waren aber die von Décauville in der Neuzeit erschienenen Publikationen, welche über die Verwendung des von ihm konstruirten transportablen Schienengeleises im landwirthschaftlichen Betriebe berichteten.

Nach Besichtigung verschiedener derartiger Anlagen auf landwirthschaftlichen Gütern hat Verfasser seine Ansichten über die transportablen Eisenbahnen und ihre Verwendung im forstlichen Betriebe in der Danckelmann'schen Zeitschrift für Forst- und Jagdwesen und in den Zeitschriften über Moorkultur*) in verschiedenen Abhandlungen ausgesprochen. Auf Grund von ihm ausgeführter vergleichender Transportkosten-Berechnungen und gestellter Anträge wurde sodann der erste größere Versuch mit dem transportablen Schienengeleise in der Oberförsterei Grimnitz Seitens des Ministeriums angeordnet und von dem Anerbieten des Fabrikanten Spalding, das erforderliche Material herzuleihen, Gebrauch gemacht**). —

Um nun die Entwickelung und Ausbildung des Schienengeleises für den Betrieb im Walde thunlichst zu fördern, wurde von der Forstakademie Eberswalde bei dem Herrn Minister Dr. Lucius auch der Antrag gestellt, vergleichende Versuche mit verschiedenen Systemen leicht verlegbarer Eisenbahnen im Lehrforstrevier Eberswalde im Winter 1884/85 unter Leitung des Verfassers ausführen zu lassen. Erfreulicher Weise hat das Gesuch sofort die Genehmigung des für die Waldeisenbahnen sich sehr interessirenden Herrn Ministers gefunden.

Die durch die Literatur und Praxis dem Verfasser inzwischen bekannt gewordenen Fabrikanten von transportablen Eisenbahnen sind hierauf zur Betheiligung an diesen Versuchen aufgefordert worden. Es erfolgte die Zusage von den Herren P. Dietrich, Berlin, Dolberg, Rostock und Berlin,

---

*) Zeitschrift für Forst- und Jagdwesen Juni 1883; Mittheilungen des Vereins zur Förderung der Moorkultur im Deutschen Reiche vom 20. März 1882.

**) Zeitschrift für Forst- und Jagdwesen April 1885. Über die Verwendung der transportablen Eisenbahnen in den Königlichen Forsten des Regierungsbezirks Potsdam vom Landforstmeister Frh. von Baumbach.

Friedländer und Josephsohn, Berlin, Langnickel, Neustrelitz, Kähler, Güstrow in Mecklenburg, Orenstein und Koppel, Berlin, Eisen- und Stahlwerk zu Osnabrück*).

Die bei diesen Versuchen gewonnenen Erfahrungen, sowie die bei Besichtigung verschiedener Fabriken und Ausstellungen von transportablen Eisenbahnen (Malchin, Osnabrück**) und bei dem öfteren Besuch der Waldeisenbahn in Grimnitz und Eggesin gemachten Beobachtungen, veranlaßten den Verfasser, die Waldeisenbahnen einer ausführlichen Besprechung zu unterziehen.

Indem er seine Arbeit dem für diese Transportmethode sich interessirenden Publikum übergiebt, bittet er zugleich um gefällige Mittheilung etwaiger diesen Gegenstand berührender Beobachtungen. —

Allen Herren Fabrikanten und Technikern, welche sich bei den Versuchen mit großem Eifer betheiligten, ihr Material in bereitwilligster Weise unentgeltlich zur Verfügung stellten, sei an dieser Stelle der herzlichste Dank ausgesprochen. Ebenso auch meinem Assistenten, Herrn Forstassessor Sellheim, der mit großem Interesse und Eifer mich bei den Arbeiten unterstützte.

---

*) Vom System Spalding wurden von der benachbarten Oberförsterei Grimnitz die zum Betriebe erforderlichen Joche und Wagen zur Verfügung gestellt.

**) In Malchin (Mecklenburg) veranstaltete der patriotische Verein vom 4/11. Juli 1884 eine Ausstellung und Prüfung von Feldeisenbahnen, auf welcher Verfasser das Amt eines Preisrichters übernommen hatte. Zeitschrift für Forst- und Jagdwesen vom Januar 1885.

In der Zeit vom 7—8. Oktober d. J. fand eine Besichtigung der auf den Werken des Georgs-Marien-Bergwerks- und Hütten-Vereins zu Osnabrück und auf der Georgs-Marien-Hütte hergestellten Eisenbahn-Konstruktion und im Betriebe befindlichen Bahn-Anlagen statt.

Eberswalde, im November 1885. **Der Verfasser.**

Inhalt.

Einleitung.

Während in dem kurzen Zeitraume von 50 Jahren die Entwickelung der Eisenbahnen einen derartigen Aufschwung genommen hat, daß z. B. gegenwärtig ca. 442 000 km*) Schienengeleise die verschiedenen Theile der Erde umspannen, von denen allein ca. 183 000 km auf Europa und ca. 36 000 km auf Deutschland entfallen, ist das schmalspurige Geleis nur in beschränktem Maße in Anwendung gekommen.

Es läßt sich nachweisen, daß schon im Mittelalter in den Harzer Silberbergwerken schmalspurige Bahnen angewendet worden sind, allerdings durchaus verschieden von den jetzt gebräuchlichen. Man verstand es damals noch nicht, Schienen zu walzen und war darauf angewiesen, die Wagen auf hölzernen zum Theil mit Eisen beschlagenen Schienen laufen zu lassen. Dieser Uebelstand, welcher die Anlage vertheuerte und häufige Reparaturen und Neuanlagen bedingte, mag zum großen Theile eine allgemeine Verbreitung der Schmalspurbahnen verhindert haben. Anderntheils bestand aber auch ein großer Nachtheil dieser Anlagen darin, daß ein Verlegen derselben in Folge ihrer Konstruktion nicht möglich, oder doch mit großen Schwierigkeiten und Kosten verknüpft war. Hierdurch aber geht für die meisten Betriebe ein bedeutender Theil ihrer Rentabilität verloren, es mußte also eine Aenderung in der Form eintreten.

Von dieser Idee geleitet, konstruirte im Jahre 1876 ein Landwirth in Petitbourg, Décauville aîné, ein transportables Geleis, bestehend aus 2 gleich langen, meist 4—5metrigen Schienen, welche durch eiserne Flachquerschwellen verbunden wurden (Figur 1). Er verwendete hierzu eine Vignoles-Schiene (Figur 3), wie solche in demselben Profile auch auf den Hauptbahnen gebräuchlich ist, jedoch in geringerer Stärke.

Je nach den Verhältnissen hatte seine Schiene ein Gewicht von 4,0; 6,3; 8,6 und 10,8 kg pro lfd. m. Da der ganze Oberbau ein leichter, vielen Gefahren ausgesetzter war, gab er der Schiene einen der Normalbahn

*) Zeitung des Vereins Deutscher Eisenbahnverwaltungen vom 25. Februar 1885.

gegenüber breiteren Fuß, welcher ihr eine größere Stabilität auf der Unterlage verlieh. Die Schwelle war ein Stück Flacheisen von 100 mm Breite, 8 mm Stärke bei einer der verschiedenen Spurweite entsprechenden Länge. Letztere betrug je nach den Verhältnissen 400—600 mm. Die Verbindung von Schwelle und Schiene geschah durch Nieten, welche den Schienenfuß durchbohrten. Der Schwellenabstand betrug 1—1,25 m.

Fig. 1.

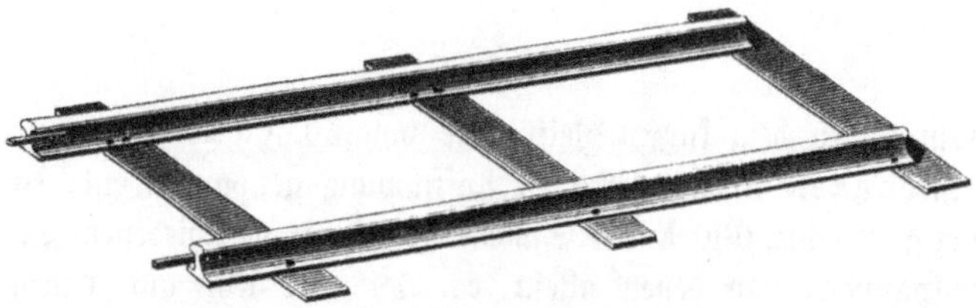

Zur Verbindung der einzelnen so hergestellten 4—5metrigen Joche konstruirte Décauville eine Stoßverbindung derart, daß er an den Schienenstegen der an einem Ende des Joches die Schwelle überragenden Schienen je eine Lasche befestigte, welche bei der Verbindung sich zwischen Fuß und Kopf an den Schienensteg des nächsten flach abgeschnittenen Joches legten und so eine seitliche Verschiebung verhinderten (Figur 1).

Das Gewicht eines 5metrigen Joches betrug bei 0,4 m Spurweite und Verwendung einer 4 kg-Schiene ca. 50 kg; das Verlegen war also durch 2 Mann bequem zu ermöglichen.

Außer diesen geraden Jochen konstruirte Décauville Kurvenjoche, Weichen, Wegübergänge u. s. w. und trug hierdurch allen in Betracht kommenden Verhältnissen Rechnung.

Die Fahrzeuge zeigen je nach den zu transportirenden Objekten die größte Mannigfaltigkeit. Die Grundlage bildet in der Regel ein Plattformwagen, dessen oberer Theil sich den speziellen Zwecken anpaßt. Das eiserne Untergestell mit 4 gußeisernen Rädern trägt und wiegt 300 bis 400 kg.

Die Verbindung der einzelnen Wagen erfolgt mittelst Haken und Ringen, ihre Fortbewegung geschieht durch Pferde, zur Seite des Geleises schreitend. Mittelst einer 4 bis 5 m langen Kette angespannt, kann ein Pferd auf horizontaler Strecke 12 Wagen mit ca. 120 Centner Bruttolast fortbewegen.

Die Kosten des Oberbaues schwanken je nach den Dimensionen der Schienen und der Spurweite und betragen nach den Angaben von Décauville 4, 5 bis 7 Francs pro Meter.

Diese leicht verlegbaren Schienenjoche sollten nach Décauville in solchen Oertlichkeiten zur Anwendung kommen, wo die Plätze, von und zu welchen der Transport geschieht, oft wechseln und wo nach Ausführung der Transportarbeit ohne Schwierigkeit und ohne erheblichen Zeitverlust diese Geleisstücke leicht beseitigt, bezw. zu anderen Zwecken verwandt werden können.

In allen denjenigen Fällen aber, in welchen eine feste, mehrere Jahre liegende Transportverbindung zwischen dem Produktions- und Konsumtionsorte wünschenswerth ist, sollte nach Décauville eine feste Wirthschaftsbahn, d. h. ein festes Geleis auf Holzschwellen und in Kiesbettung — bei sonst gleichem Oberbaumaterial — gebaut werden. —

Wie großartig die von dieser beweglichen Transportbahn erwarteten Vortheile sich gestalteten, geht aus dem Umstande hervor, daß, trotzdem Décauville erst im Laufe des Sommers 1876 mit seiner Konstruktion in die Oeffentlichkeit trat, bis zum Jahre 1881 ca. 1300 km Schienengeleise und 1500 Wagen in Frankreich Verwendung gefunden haben.

Wie aber bei allen Erfindungen die erste Idee in primitivster Weise Gestalt annimmt, die Ausbildung und Vervollkommnung ihres Details erst nach und nach unter dem Zusammenwirken fremder schaffender Kräfte auf der Grundlage von Erfahrung und Wissenschaft erfolgt, so geschah es auch mit den transportablen Eisenbahnen.

Ihre Erfindung begegnete einem so allgemeinen Bedürfnisse, daß man sie selbst in ihrer ersten mangelhaften Form überall mit Freuden aufnahm. Seitdem sind Wissenschaft und Praxis unabläßig bemüht gewesen, diese transportablen Bahnen in allen ihren Theilen bezüglich der Konstruktion sowohl wie des Materials und der Arbeit zu verbessern.

Die schwächsten Punkte des Décauville'schen Systems liegen in der Verwendung ungünstiger Profile für Schwellen, in der mangelhaften Befestigung der Schienen auf den Schwellen und in der zu schwachen und ohne Sicherung gegen Auseinanderweichen in der Längsrichtung ausgeführten Verbindung der einzelnen Joche mit einander.

In Folge des zuerst angeführten Mangels sind die Joche im Vergleich zu ihrer Tragfähigkeit zu schwer und daher auch zu theuer; sie werden zudem noch durch die Vernietung der Schienen mit den Schwellen geschwächt, indem die Schienenfüße an den betreffenden Stellen durchbohrt werden müssen. Ferner hat die Erfahrung gezeigt, daß die fortwährenden Erschütterungen, denen die Bahn beim Befahren ausgesetzt ist, vielfaches Lockerwerden und Springen der Niete hervorrufen, was nicht unerhebliche Reparaturen verursacht. Aehnliches gilt von den **schwachen** Laschen, welche beim Auseinandernehmen der Joche sehr leicht und namentlich dann zerbrechen, wenn die Verlegung der Bahn bei Frostwetter vorgenommen werden muß. —

Was speziell die Anwendbarkeit des Décauville'schen transportablen Geleises im forstwirthschaftlichen Betriebe anbetrifft, so darf nicht unerwähnt bleiben, daß dasselbe unendlich weit hinter den Anforderungen zurückblieb, welche heute an eine solche Bahn gestellt werden müssen; hierbei wollen wir gar nicht spezieller erörtern: die durchaus mangelhafte Einrichtung der dazu gehörigen Holztransportwagen und das gänzliche Fehlen der Aufladevorrichtungen, deren rationelle Fabrikation neben der Ausbildung des Geleises der „Deutschen Technik", Deutschen Fabriken, unterstützt durch vielfache praktische Proben Seitens der Forstverwaltungen, vorbehalten blieb.

Wenn nun aber, wie schon oben erwähnt, das transportable Geleis von Décauville trotz seiner Mängel in kurzer Zeit eine so bedeutende Verbreitung fand, muß der Nutzeffekt desselben ein ganz hervorragender sein. Es sei uns gestattet im Nachstehenden kurz durch Zahlen die Kraftersparniß den bisherigen Transportmethoden gegenüber klar zu stellen. —

Nach den in der Praxis gesammelten Erfahrungen beträgt die erforderliche Zugkraft bei horizontaler Fahrbahn auf

transportablen Schienenbahnen	0,006*)
auf Steinbahnen von mittelmäßiger Beschaffenheit . . .	0,030
auf Erdwegen von mittelmäßiger Beschaffenheit	0,100

der zu bewegenden Last; es ist also bei horizontaler Lage auf Steinbahnen ein 5 mal — $\frac{0,030}{0,006}$ — auf Erdwegen ein 16 bis 17 mal — $\frac{0,100}{0,006}$ — so großer Widerstand zu überwinden, als auf der transportablen Schienenstraße. —

Nicht so günstig stellt sich das Verhältniß, sobald die Schienenstraße beträchtliche Steigungen besitzt. In welchem Verhältnisse die Werthe der Zugkräfte überhaupt auf den drei erwähnten Fahrbahnen in horizontaler und in der Steigrichtung zu einander stehen, veranschaulicht am zweckmäßigsten nachfolgende Tabelle:

*) Nach den Angaben in der Ingenieur-Mechanik von Weißbach ist als angemessener Mittelwerth für Hauptbahnen 0,004 anzunehmen.

Steigungs-Prozente	Erdbahn mit 0,100 w	Steinbahn mit 0,030 w	Schienenbahn mit 0,006 w	Verhältnisse der Zugkräfte auf Schienenwegen zu Stein- und Erdwegen.	Bemerkungen
Horizontal	0,100 Q	0,030 Q	0,006 Q	1 : 5 : 16	1) $Z = Q . w$ für horizontale Fahrbahnen,
	750 kg	2500 kg	12 500 kg		2) $Z = Q \sin a + w . Q . \cos a$
1%	0,110 Q	0,040 Q	0,016 Q	1 : 3 : 7	oder genügend annähernd,
	682 kg	1875 kg	4700 kg		$= Q\,(w + \operatorname{tang} a)$ für Fahrbahnen mit Steigung,
2%	0,120 Q	0,050 Q	0,026 Q	1 : 2 : 5	wenn w den Widerstandscoëfficienten der Fahrbahn, Q
	625 kg	1500 kg	2885 kg		die zu bewegende Last, a den Neigungswinkel der Fahrbahn
5%	0,150 Q	0,080 Q	0,056 Q	1 : 1,4 : 2,7	und Z die Zugkraft anzeigt. Das Gewicht der Zugthiere
	500 kg	937 kg	1375 kg		ist nicht in Rechnung gestellt. —
10%	0,200 Q	0,130 Q	0,106 Q	1 : 1,2 : 1,9	Die Angaben in kg geben die einer Pferdekraft von 75
	375 kg	577 kg	750 kg		kg entsprechende Last bei 1 m Geschwindigkeit pro Sekunde.

Aus dieser Zusammenstellung ergiebt sich Folgendes:

a. Der Einfluß guter Fahrbahnen auf die Verringerung der Zugkraft tritt in dem Maße zurück, als die Steigung zunimmt. Während auf horizontaler Strecke das Zugkraft-Verhältniß für Schienen-, Stein- und Erdbahnen wie 1 : 5 : 16 ist, beträgt dasselbe bei der Steigung von 2% 1 : 2 : 5 und bei einer Steigung von 5 % nur noch 1 : 1,4 : 2,7; je besser also die Fahrbahn, um so kleiner muß die Steigung sein, wenn die Zugkraft sich nicht unverhältnißmäßig steigern soll.

b. Die Leistung des Zugthieres auf der Schienenstraße mit Steigungen bleibt der auf Landwegen weit überlegen, wenn auch nicht in dem enormen Maße, wie auf der horizontalen Fahrbahn.

c. Die Zugkraft variirt beim Transporte auf der Schienenstraße mit mehr oder weniger beträchtlicher Steigung weit mehr, als auf den Landwegen, wie folgende kleine Tabelle, in welcher die Zugkraft für die horizontale Strecke = 1 gesetzt ist, darstellt.

Hiernach ist beispielsweise der Arbeitsaufwand zum Fortschaffen einer Last auf 1 km Schienenstraße von 2% Steigung ebenso groß, wie zum Fortschaffen der nämlichen Last auf einer horizontalen Strecke von 4,3 km Länge, während bei den Stein- und Erdbahnen diese Beziehungen günstiger sind; hier ist der Arbeitsaufwand zum Transport der

Last auf 1 km Wegstrecke von 2% Steigung der nämliche, wie zum Fortschaffen der gleichen Last auf horizontaler Strecke von 1,7 bezw. 1,2 km Länge.

Beschaffenheit der Fahrbahn	Steigungsverhältnisse der Fahrbahnen.				
	0%	1%	2%	5%	10%
Zugkraftverhältnisse auf					
1. Erdwegen $w = 0{,}1$	1	1,1	1,2	1,5	2
2. Steinwegen $w = 0{,}03$	1	1,3	1,7	2,7	4,3
3. Schienenwegen $w = 0{,}006$	1	2,6	4,3	9,3	17,5

Vor allen Dingen wird aber neben dem günstigeren Verhältniß zwischen Zugkraft und Last, sowie dem größeren Lastentransporte durch die Benutzung des Schienengeleises auch dem wichtigen Grundsatze in der Transportbeförderung: „Zeit ist Geld" weit mehr Rechnung getragen, als auf Landwegen, denn nach den Erfahrungszahlen der Mechanik ist die Leistungsfähigkeit für ein mittelstarkes Pferd bei mittlerer Geschwindigkeit von 1 m pro Sekunde und bei täglich 8 Stunden Arbeitszeit auf 75 kg zu beziffern, so daß bei horizontalem Landwege von 0,1 Widerstandscoëfficient ein Pferd Bruttolast 750 kg oder 15 Centner mit 3,6 km Geschwindigkeit pro Stunde zu ziehen vermag, während auf Schienenwegen mit 0,006 Reibungscoëfficient das Pferd am zweckmäßigsten im Schnellschritt mit einer mittleren Sekunden-Geschwindigkeit von 2 m sich bewegt und hier eine Bruttolast von 7500 kg (150 Centner) mit 7,2 km Geschwindigkeit pro Stunde fortschafft. Es verhält sich mithin die Bruttoleistung eines Pferdes auf Schienengeleisen zu derjenigen auf Landwegen: $7500 \times 7{,}2$ zu $750 \times 3{,}6 = 54000 : 2700$, oder ein Pferd leistet im ersteren Falle 20 Mal so viel, als im letzteren.

Aus diesen Betrachtungen ergiebt sich, daß die Vortheile der Schienenstraße gegenüber der Landstraße vorzugsweise bei horizontaler Bahn und bei geringen Steigungen und Thalfahrten hervortreten und daß weiter bei den Landwegen weit stärkere Steigungsverhältnisse zulässig sind, als beim Schienengeleise.

Bei der hohen finanziellen, forst- und volkswirthschaftlichen Bedeutung, welche diese Transportmethode für jeden größeren Waldbesitzer einnimmt, gestatten wir uns, in drei Abschnitten folgende Fragen speziell zu erörtern:

I. **Unter welchen Verhältnissen ist die Verwendung der transportablen Schienenbahn im forstwirthschaftlichen Betriebe rathsam.**

II. **Welche technische Anforderungen sind an die Waldeisenbahnen zu stellen.**

III. **Die Anwendung des transportablen Schienengeleises beim Transporte von Kiefern- Bau- und Nutzhölzern im Lehrforstreviere Eberswalde.**

[illegible]

[illegible]

xii. [illegible]

xiii. Die Anwendung des [illegible] beim Transporte [illegible]

I.

Unter welchen Verhältnissen ist die Verwendung der transportablen Schienen-Bahnen im forstwirthschaftlichen Betriebe rathsam?

Zur Beantwortung dieser Frage sind neben anderen, späterhin zu erörternden Gesichtspunkten vergleichende Rentabilitätsberechnungen unter Berücksichtigung der örtlichen Verhältnisse anzustellen; und zwar ist zunächst der Kostenaufwand und Nutzeffekt des transportablen Schienengeleises in Vergleich zu ziehen mit den bis dahin im Walde gebräuchlichsten Transportmethoden und den Wegeanlagen.

Die Kosten der verschiedenen Befestigungsmethoden für die Fahrbahnen der Verkehrswege im Walde lassen sich nicht wohl generell angeben; sie sind abhängig von verschiedenen Faktoren: „Terrain, Untergrund, Bodenneigung u. s. w.“ Auch die örtlich verschiedenen Tagelohnsätze und andere Umstände sprechen gegen die Aufstellung allgemein gültiger Normalkostensätze. Bei den Berechnungen sollen daher diejenigen Kostensätze zu Grunde gelegt werden, welche in der hiesigen Gegend, mit ebener, wellenförmiger Bodenkonfiguration gesammelt wurden.

In den Revieren der Mark Brandenburg bildet der Transport der Waldprodukte auf vierräderigen Wagen die Regel. Reine Erdwege, Lehmkiesbahnen, Holzknüppelbahnen oder Steinbahnen werden in der Regel als Transportbahnen benutzt. Bei Annahme einer Fahrbahn von 4 m Breite stellen sich die Kosten wie folgt:

1. Befestigung der Fahrbahn durch Lehmkies.

a. Herstellung des Lehmkiesbettes von 25 cm Tiefe und 4 m Breite, Graben, Anfuhr, Aufschüttung einer 10 cm hohen Lehm- und einer 15 cm hohen Kiesschicht und Anwalzen derselben, pro laufenden m 3 M., oder pro 7,5 km (= 1 Meile) . . . . = 22 500 M.

b. Alljährliche Unterhaltungskosten pro laufd. m 0,20 M., oder pro Meile 1500 M., mit 5% kapitalisirt giebt . . . . = 30 000 „

oder in Summa = 52 500 M.

Anlage- und Unterhaltungskostenaufwand.

Außer diesem großen Kapitalaufwande ist vor allem als Nachtheil noch hervorzuheben, daß durch eine derartige Befestigungsweise der Transport zu sehr erschwert, ja unter Umständen, — bei anhaltendem Regen und Schnee — unmöglich gemacht wird. Sie sollte deshalb nur noch ausnahmsweise bei gutem und billig zu beschaffendem Kiesmateriale und zweckmäßigen Steigungs-Verhältnissen beachtet werden.

2. Befestigung durch Kiefernknüppel von 10—12 cm Durchmesser und 4 m Länge.

a. Herstellung eines 15 cm tiefen Einschnittes für die Holzknüppel, Hieb, Anfuhr, Legen und Bedecken der Knüppel mit einer 10 cm starken Erdschicht, pro laufd. m incl. Holzwerth = 1,80 M., oder pro Meile = 13 500 M.

b. Nach den bei den hiesigen Knüppelwegen gesammelten Erfahrungen sind alljährliche Unterhaltungskosten kaum in Rechnung zu ziehen, da das einmal gebildete Wagengeleis bis zur Erneuerung der Knüppel sich nicht vertieft und weiter keine Ausbesserungskosten, als nur geringe Aufschüttungen von Sand bei sehr frequentirten Bahnen erfordert; dagegen wird nach den von G. L. Hartig angestellten Versuchen über die Dauer der in den Erdboden eingelegten und mit letzterem bedeckten Knüppel die Kiefern-Knüppelbahn nach 8 bis 12 Jahren zu erneuern sein. Bei Annahme einer nur 8jährigen Zeitdauer stellt sich demnach der Kapitalwerth der 13 500 M. betragenden Periodenrente auf . . 41 775 M.
und der Kapitalwerth der alljährlichen Unterhaltungskosten von 75 M. . . . . = 1 500 „

mithin in Summa 43 275 M.*)

3. Befestigung durch Steinbau mittelst Pack- und Decklage.

a. Herstellung des Steinkastens von 25 cm Tiefe, Werbung und Anfuhr des Steinmaterials, Setzen der 10 bis 12 cm hohen Packlagesteine, Aufschütten einer 10 cm starken Decklage und einer 5 cm starken Kieslage und Anwalzen, pro laufd. m 7,50 M., oder pro Meile . 56 250 M.

b. Alljährliche Unterhaltungskosten im Durchschnitt pro laufd. m 0,30 M., oder pro Meile 2250 M., mit 5% kapitalisirt, giebt . . . . = 45 000 „

oder in Summa = 101 250 M.

---

*) Zu Gunsten der Stein- und Holzbahnen sind die Minimalsätze angenommen.

4. Befestigung durch Legen von transportablem Schienengeleise.

a. Ankauf von 7500 laufd. m Geleis in 2 und 5 m Jochen pro laufd. m 3,25 M.*) . . . . = 24 375 M.
Kurven, Weichen . : . . . . = 125 „

Summa Geleisanlagen 24 500 M.

b. Bei Annahme einer 15jährigen Dauer des Materials würde nach je 15 Jahren dieselbe Summe zu verausgaben sein, abzüglich des Werths an alten Materialien, welcher mit 10% = 2450 M. in Anrechnung zu bringen ist, also bei 5% 22 050 . 0,92 685 . . . . = 20 437 M.

c. Jährliche Unterhaltungskosten, außer obiger Abnutzung 1% = 245 M., mit 5% kapitalisirt . . . . = 4 900 „

d. Legen der Joche pro km 20 M. oder pro Meile = 150 „

e. Wiederholen des Legens der Joche nach je 15 Jahren, mithin bei 5% (Kapitalwerth 150 . 0,92 685 M.) . . = 139 „

also in Summa = 50 126 M.

Hiernach erfordert das transportable Schienengeleis einen Kapitalaufwand, welcher weniger beträgt als der für Lehmkies-Bahnen und um mehr als das Doppelte geringer ist, als der Kapitalwerth der Steinbahn.

Wie stellt sich nun der Nutzeffekt dieser verschiedenen Befestigungsmethoden, und wie der Frachtpreis für den Centner Bruttolast? Nach den in hiesiger Gegend gesammelten Erfahrungen vermögen zwei Pferde auf vierrädrigem Wagen fortzuschaffen, wenn hierbei angenommen wird, daß die beiden Zugthiere von mittlerer Beschaffenheit täglich 30 km arbeitend zurücklegen, d. h. auf der zur Vergleichung gewählten, eine Meile langen Strecke zwei Touren mit leerem und zwei mit beladenem Wagen machen:

1. Auf rohen unbefestigten Erdwegen (Sandwege):

a. Bei horizontaler Lage der eine Meile langen Strecke 20 Centner Bruttolast, oder täglich = 40 Centner,

b. bei 2% Steigung des Weges 16 Ctr., oder täglich — 32 Centner,

c. bei 5% Steigung 12 Centner, oder täglich = 24 Centner;

---

*) Der Preis von 3,25 M. pro laufd. m ist der Durchschnitt der letzten Preisnotirungen guter Firmen. — Es ist der Einfachheit halber nicht eine jährliche theilweise, sondern periodische Erneuerung angenommen. Das Resultat ist wenig abweichend. — Die Dauer von 15 Jahren und der Werth des alten Materials ist nach Angabe von Technikern nicht zu hoch gegriffen. — Die Kosten für das rollende Material bei dieser Vergleichung mit in Rechnung zu stellen, erschien unzulässig, dieselben sind nur bei Berechnung der Transportkosten pro km zu berücksichtigen.

2. Auf Lehmkieswegen, besseren Erdwegen:

a. bei horizontaler Lage der Vergleichsstrecke 30 Ctr., oder täglich = 60 Ctr.
b. bei 2% Steigung 22 Centner, oder täglich = 44 Centner,
c. bei 5% Steigung 16 Centner, oder täglich = 32 Centner;

3. Auf gut gelegten Holzbahnen:

a. bei horizontaler Lage 40 Centner, oder täglich = 80 Centner,
b. bei 2% Steigung 32 Centner, oder täglich = 64 Centner,
c. bei 5% Steigung 24 Centner, oder täglich = 48 Centner;

4. Auf Chausseen:

a. bei horizontaler Lage 90 Centner, oder täglich = 180 Centner,
b. bei 2% Steigung 50 Centner, oder täglich = 100 Centner,
c. bei 5% Steigung 30 Centner, oder täglich = 60 Centner;

5. Auf transportablem Schienengeleise:

a. bei horizontaler Lage 300 Centner, oder täglich 600 Centner,*)
b. bei 2% Steigung 100 Centner, oder täglich = 200 Centner,
c. bei 5% Steigung 50 Centner, oder täglich = 100 Centner.

Legt man nach hiesigen Sätzen für 2 Pferde, für den Fuhrmann und einen Arbeiter beim Auf- und Abladen einen täglichen Verdienst von 10 M. zu Grunde, so ergeben sich die Transportkosten pro 50 kg und Meile, wie solche in der nachstehenden Tabelle im Speziellen angeführt sind.

Steigungs-Verhältnisse des Weges	Zwei Pferde von mittlerer Zugkraft (150 kg) bewegen täglich bergan auf 7,5 km (1 Meile) Länge, wobei vorausgesetzt wird, daß dieselben täglich 30 km arbeitend zurücklegen, zwei leere Touren hin und zwei beladen zurück machen an Bruttolast:					Legt man nach den hiesigen Sätzen für 2 Pferde, den Fuhrmann und einen Arbeiter zum Auf- und Abladen 10 Mark zu Grunde, so stellen sich die Transportkosten pro 50 kg (Centner) und Meile auf:				
	Sandweg	Besserer Kiesweg	Holzbahn	Chaussee	Schienengeleis	Sandweg	Besserer Kiesweg	Holzbahn	Chaussee	Schienengeleis
	Centner	Centner	Centner	Centner	Centner	Pfennige	Pfennige	Pfennige	Pfennige	Pfennige
Horizontal	40	60	80	180	600	25,0	16,7	12,5	5,5	1,7
1:50 (2%)	32	44	64	100	200	31,2	22,7	15,6	10,0	5,0
1:20 (5%)	24	32	48	60	100	41,7	31,2	20,8	16,7	10,0

*) In den meisten Fällen wird die Leistungsfähigkeit der Zugthiere bei Benutzung des Schienengeleises eine noch größere sein, da bei denselben fast die doppelte Geschwindigkeit wahrzunehmen. Letztere ist zu Gunsten der 1—4 angegebenen Befestigungsarten unberücksichtigt geblieben.

Neben einer solchen vergleichenden Transportkosten-Berechnung kommen aber noch andere Momente in Frage, welche bei Wahl der Transport- resp. der Befestigungsmethode der Fahrbahnen nicht unbeachtet bleiben dürfen. Lage, Ausdehnung, Terrain, Bestandes-Verhältnisse des Waldobjekts, Lage der allgemeinen Verkehrsanstalten (Schienen, Wasserwege, Chausseen) und der an diesen gelegenen Ein- und Abladeplätze, ferner Masse und Qualität des alljährlichen Einschlags, Belegenheit der Hiebsflächen zu einander und vor allen Dingen die Holzabsatz-Verhältnisse, — ob ausschließlich Lokal-Absatz, oder Lokal- und Großhandel 2c. — und andere Umstände volkswirthschaftlicher Art sind mitbestimmend und den eingehendsten Untersuchungen zu unterstellen. Generalisiren in dieser wichtigen Frage würde von größtem Uebel sein.

In Waldgebieten von unbedeutender Ausdehnung, zerrissener Lage, u. s. w., in welchen große Massen für den Export nicht vorhanden sind, sondern das alljährliche Hiebsquantum ausschließlich den Lokalabsatz befriedigt, der Absatz nach den verschiedensten Richtungen in die benachbarten Dorfschaften erfolgt, und wo überdies der Fuhrwerksbesitzer während der Ruhezeit der Landwirthschaft sein Fuhrwerk zur Anfuhr seines eigenen Holzbedarfs und zu mäßigen Preisen für andere Käufer gern benutzt, würde die Verwendung des Schienengeleises selbst unter einladenden Terrainverhältnissen eine verfehlte Spekulation sein. Hier wird man sich mit einem weniger kostspieligen Ausbau der im richtigen Zusammenhange mit einander verbundenen Waldwege begnügen müssen und den Transport per Achse fortzusetzen haben.

Ebenso muß der Effekt des Schienengeleises zurücktreten, wenn die örtlichen Verhältnisse den Absatz auf zu viele Plätze von verschiedener Lage bedingen, oder wenn der Transport per Waldbahn nur auf kurzen Strecken möglich und dann der Weitertransport per Achse auf unbefestigten Fahrbahnen geschieht, — beispielsweise vom Waldesinnern bis an die an die äußeren Forstgrenzen stoßenden Feldwege. In solchen Fällen werden die Kosten der Anlage, der Benutzung des Geleises — wie das zu häufige Verlegen der Joche an verschiedenen Strecken — im Verhältniß zum Nutzen sich ungünstiger gestalten und die Anlage kaum empfehlen.

Es kann weiter auch die Anlage einer Bahn keine recht lohnende sein, wenn in Waldkomplexen mit großem Wechsel in den Bestandeszuständen Schläge (Kahlhiebe) mit bedeutendem Nutz- und Brennholzeinschlage nicht vorhanden sind, sondern statt dessen die Holznutzungen mehr zerstreut im ganzen Forste, oder wie bei der Nachzucht mittelst natürlicher Besamung durch successiven Aushieb in geringeren Quantitäten erfolgen. Von jedem dieser Schläge müßte ein (transportabler) Schienenstrang bis zum (festen) Hauptstrang geführt werden; damit aber würden die Kosten der Anlage und Unterhaltung so wesentlich vertheuert werden, daß schwerlich noch auf Rentabilität zu rechnen sein dürfte.

Es ist schließlich auch bei Terrain- und Absatz-Verhältnissen, welche den Transport der Lasten mit ungünstigen Steigungen für das Schienengeleis erfordern (5 und mehr %) die Einführung desselben nicht rathsam, wie aus den Zahlen der Tabelle in der Einleitung zu folgern ist.

Liegen aber die Verhältnisse derartig, daß in größeren, eben oder wellenförmig gelegenen Waldcomplexen, besonders in Nadelholzforsten mit Kahlschlagbetrieb, mit brauchbaren Handelshölzern, mit nicht unbedeutenden Hiebsquantitäten und relativ sicherem Nutzholzeinschlage, die eingeschlagenen Nutz- und Derbbrennhölzer im Lokalbedarf keinen genügenden Absatz finden, sondern im Interesse des Holzhandels an günstig gelegene Holzstapelplätze oder fiskalische Sägemühlen u. s. w. bereits transportirt werden, oder der Holztransport an diese vorhandenen, oder nach Lage der örtlichen Verhältnisse noch anzulegenden Sammelstellen empfehlenswerth ist, alsdann dürften wir Forstwirthe alle Veranlassung haben, auf die Einführung der Waldeisenbahn vor allen Dingen unser Augenmerk zu lenken. Dadurch ist uns ein vortreffliches Mittel gegeben, die alljährlichen Ausgaben an Transportkosten auf das geringste Maß zu beschränken, die Konkurrenz der Käufer zu vermehren, die Waldrente zu erhöhen und auch zugleich die Interessen der Holzkäufer mit wahrzunehmen.

Unter jenen Verhältnissen ist nämlich nicht selten zu bemerken, daß Holzkäufer und Händler von der Willkür und der mehr oder weniger großen Zuverlässigkeit der Holzfuhrleute abhängig sind, welche je nach der Menge des zu transportirenden Holzes, der Witterung, dem Zustande der Waldwege u. s. w. bald größere oder geringere Forderungen stellen und dem Händler vielfache Unbequemlichkeiten bereiten.

Beispiele aus der Praxis mögen die oben erwähnten Punkte noch näher begründen.

Die Oberförsterei Grimnitz im Regierungsbezirk Potsdam besteht zum großen Theil aus gutwüchsigen Kiefernbeständen auf ebenem, stellenweise wellenförmigem Diluvialboden, woselbst der Kahlschlagbetrieb mit künstlichem Anbau die Regel bildet. Das alljährliche Einschlagsquantum wird mit Ausnahme einer ganz unbedeutenden Quantität an die am Werbellin-See gelegenen Holzablagen herangerückt und zwar das Nutzholz auf Kosten des Käufers, das Derbbrennholz auf Kosten des Fiskus. Das Brennholz wird erst nach Anrückung an die Holzablagen im August-September jeden Jahres meistbietend versteigert, während das Nutzholz sofort nach Beendigung des Hiebes in den Monaten Januar bis März verkauft und wie soeben erwähnt, seitens der Holzkäufer durch die Fuhrleute der Umgegend an die Holzablagen herangeschafft wird.

Von den Holzstapelplätzen wird das Nutzholz als Floßholz an die am Finow-Canal gelegenen Holzschneidemühlen geschafft, während das Brennholz per Kahn nach Berlin verschifft wird und hier seinen Absatz findet. Nach den Mittheilungen des dortigen Oberförsters von Hövel werden alljährlich aus dem Reviere ca. 25 000 rm Brennholz zu einem Anfuhr- und Aufsetzerlohn von ca. 30 000 M. an die Ablagen befördert. Außerdem werden seitens der Holzhändler ca. 5000 fm Bau- und Nutzhölzer zu einem Anfuhrlohne von ca. 12 000 M. an den Werbellin-See herangerückt. Befestigte Fahrbahnen sind nicht vorhanden. Der Holztransport an die Holzablagen findet per Achse auf Erdwegen (lehmig-sandiger Boden) statt.

Für das genannte Revier sind im Jahre 1883/84 vom Fabrikanten Spalding bezogen:

a. 6000 m längere Zeit festliegende Schienengeleise für die Hauptader und 2000 m transportable, tragbare Joche für die Nebenadern, 200 m Kurvenjoche, 6 Weichen, 9 Wegübergänge, 4 Schienenbrücken mit einem Kostenbetrage von 29 444 M. Für 50 Nutz- und Brennholzwagen incl. Drehschemel, Plattformen, Kuppelstangen, Ketten mit Anschlaghaken, Schwengel mit Zugscheiten sind verausgabt 8416 M., also in Summa . . . . = 37 860 M.

b. Bei Annahme einer 15 jährigen Dauer des Materials ist für Erneuerung des Materials nach je 15 Jahren und zwar nach Abzug von 5%*) für alte Materialien in Rechnung zu stellen: 35 967 . 0,92685 = 33 336 M.

c. Für jährliche Reparaturen 1% der Anlage = 378,60 M.

Für Anlegen des Geleises pro km 10 M. mithin . . . . 80,— „

Summa jährlich 458,60 M.

Ausgaben = mit 5% kapitalisirt . . . . = 9 172 „

Mithin Gesammt-Kapitalwerth . . . . = 80 368 M.

---

*) Es sind bei allen Berechnungen 5% zu Grunde gelegt.

*) Da beim System Spalding Holzschwellen Verwendung finden, sind nur 5% für alte Materialien in Ansatz gebracht.

Nimmt man nun zur Vergleichung an, daß die Hauptbahn als Chaussee ausgebaut wird — also 6000 m —, die Nebenwege als Erdwege bestehen bleiben und die Kosten für Einebnen der Geleise auf letzteren alljährlich mit 300 M. in Ansatz zu bringen sind, so stellen sich die Kosten wie folgt:

a. 6000 lfd. m zu chaussiren, pro lfd. m 7,50 M. .	= 45 000 M.
b. Alljährliche Unterhaltungskosten 0,3 M. pro lfd. m oder 1800 M., mit 5% kapitalisirt.	= 36 000 M.
Summa Chaussee	= 81 000 M.
Dazu 300 M. für Einebnen der Geleise auf den Nebenwegen, mit 5% kapitalisirt	= 6 000 „
Summa	= 87 000 M.

Unter der ferneren Annahme, daß keine Befestigung der Fahrbahn vorzunehmen ist, sondern die Erdwege als solche bestehen bleiben sollen, und nur für das Einziehen der Geleise alljährlich Kosten entstehen, welche mit ca. 650 M. in Ansatz zu bringen und mit 5% zu kapitalisiren sind, entspricht diese Ausgabe einem Kapitalaufwande von 13 000 M.

Legt man nun für den Transport beispielsweise die auf Seite 4 angegebenen Sätze: nämlich auf rohen Erdwegen mit 2% Steigung = 32 Ctr., auf Steinbahn 100 Ctr. und auf Schienenbahnen 200 Ctr. zu Grunde, so werden zur Heranrückung der angegebenen Transportmasse von (25 000 . 0,7 + 5000) = 22 500 fm à 12 Ctr. = 270 000 Ctr. erforderlich sein:

a. auf Erdwegen . $= \frac{270\,000}{32} = 8437$ Pferdekräfte,

b. auf Steinbahnen $= \frac{270\,000}{100} = 2700$ „

c. auf Schienenbahnen $\frac{270\,000}{200} = 1350$ „

Nach den Durchschnittssätzen in der Oberförsterei Grimnitz kann man die Pferdekraft täglich mit 4 M. in Ansatz bringen; es betragen mithin die Transportkosten, je nachdem der Erdweg, die Stein- oder Schienenbahn bei dem Transporte benutzt wird . . . . . = 33 748 M., oder
= 10 800 „ „
= 5 400 „

Bei 8 km Wegstrecke und bei einem alljährlichen Transporte von 22 500 fm ergeben sich die Transportkosten pro km fm:

a. auf Erdwegen . . $\frac{33\,748}{180\,000} = 0{,}19$ M.;

b. auf Steinbahnen . $\frac{10\,800}{180\,000} = 0{,}06$ „

c. auf Schienenbahnen $\frac{5\,400}{180\,000} = 0{,}03$ „

Für die angenommene Wegstrecke von 8 km betragen demgemäß die Transportkosten pro fm:

ad a. = 8 . 0,19 = 1,52 M.,
„ b. = 8 . 0,06 = 0,48 „
„ c. = 8 . 0,03 = 0,24 „

Es verhalten sich daher die reinen Förder- resp. Transportkosten bei den drei Transportsätzen ungefähr wie 6 : 2 : 1.

Die Rentabilitätsrechnung gestaltet sich nunmehr wie folgt:

	Erdwege	Steinbahn	Schienenbahn
	13000 M. Kapital	87000 M. Kapital	80368 M. Kapital
1. Jährliche 5 prozentige Verzinsung der auf Seite 7 u. 8 angegebenen Anlage- und kapitalisirten Unterhaltungskosten .	650	4350	4018
2. Reine Transportkosten bei 22500 fm Jahresforderung	32400	10800	5100
Jährliche Gesammtkosten	33050	15150	9418*)

Bei Anwendung der Schienenbahn betragen daher die Ausgaben nur ca. 62% gegenüber denen bei Chausseen und nur 28% gegenüber denen bei Erdwegen, wobei ganz abgesehen ist von anderen Vortheilen, welche das Schienengeleis gegenüber den Chausseen und Erdwegen dem Waldbesitzer noch gewährt, beispielsweise durch den geringsten Entzug von holzproduktiver Fläche zu Verkehrswegen, durch den Fortfall von Wegunterhaltungskosten, durch raschere Räumung der Schläge, der Wind- und Schneebruchflächen u. s. w.

Ebenso verzichten wir darauf, die nationalökonomischen Vortheile, die unzweifelhaft viel größere Schonung der Pferde beim Transport auf Schienenwegen und die daraus mit der Zeit zweifellos hervorgehende Ermäßigung der Zugkraft-Preise in Rechnung zu stellen. Aus obigen Zahlen geht zur Genüge hervor, daß die Einführung des Schienengeleises unter den geschilderten örtlichen Verhältnissen durchaus am Platze sein dürfte.

---

*) Hierbei sind die Kosten des Auf- und Abladens unberücksichtigt geblieben. Dieselben werden sich bei Anwendung des Schienengeleises ebenso hoch stellen, wie beim Wagentransport.

Zu Gunsten der beiden ersten Befestigungsarten ist bei diesen das gewiß nicht geringwerthige Wagenmaterial ganz außer Rechnung gelassen. —

Das Ergebniß der ersten größeren Versuche im Jahre 1884*) kann auch als ein sehr befriedigendes bezeichnet werden, denn es ist der fm Nutzholz auf 6 km Entfernung mit 0,76 M. befördert worden, worin eingeschlossen sind das Rücken des Holzes im Schlage (pro fm 0,20 M.), das Aufladen (pro fm 0,26 M.), das Fahren bis zur Ablage (0,15 M.), das Bremsen der Wagen (0,03 M.), das Abladen auf der Ablage (0,12 M.), während die Anfuhr per Fuhrwerk (Ab- und Aufladen mit eingeschlossen) 2,50 M. pro fm Kosten verursacht haben würde. Hierzu treten gemäß Tabelle Seite 9 für Materialabnutzung $\frac{4\,018}{22\,500} = 0{,}18$ M., sodaß die Gesammtkosten pro fm 0,94 M. betragen. Es ist mithin eine Ersparniß von 2,50 — 0,94 M. = 1,56 M. pro fm, oder abgerundet 65 % pro fm erzielt worden.

Aus den angegebenen Zahlen läßt sich für das gewählte Beispiel und dementsprechend für jeden einzelnen Fall, das in Minimo zu transportirende Quantum berechnen, welches die Anlage rentabel macht.

Wir hatten auf Seite 7 den gesammten Kapitalwerth mit 80 368 M. berechnet. Verlangt man für denselben eine jährliche Verzinsung von 5 % = 4018 M., so muß diese Summe durch die Transportkostenersparniß gedeckt werden. Da letztere pro fm 1,56 M. betrug, so ergiebt sich als geringste zulässige Transportmasse $\frac{4018}{1{,}56} =$ rot: 2580 fm.

Aehnliche Terrain-, Bestandes- und Absatz-Verhältnisse, wie die in diesem Beispiele erörterten, werden auch in vielen anderen Forstrevieren vorhanden sein. Es dürfte daher für solche Waldkomplexe in erster Linie die Gelegenheit geboten sein, nach eingehendem Studium der anfangs angedeuteten, zu berücksichtigenden Momente und nach Ausführung vergleichender Rentabilitätsberechnungen die Frage bezüglich der Anlage des mit Holzstapelplätzen in Verbindung zu bringenden Schienengeleises in reifliche Erwägung zu ziehen.**)

---

*) Zeitschrift von Danckelmann 1885.

**) Herr Forstmeister Meister hat seit 8 Jahren in den Waldungen der Stadt Zürich im Sihlthal den Bahnbetrieb eingeführt. Zunächst auf einer Stammlinie im Thal in der Länge von 4 km mit einem Gefäll von 2—6,5 %, und Radien von 25 m. Auf dieser werden Züge von 6 Wagen, wovon der Leitwagen mit Spindel-, zwei andere Wagen mit Hebelbremsen, vom Spindelbremsewagen aus dirigirt, versehen sind, befördert. Eine transportable Bahn funktionirt seit 2 Jahren 300 m über der Thalsohle als Verbindungsstück zwischen der Auswurfsstelle des Holzgeleises vom oberen Berghang und desjenigen Geleises, welches das Material hinunter an die Stammlinie dirigirt. Die Holztransport-

Daß auch im Gebirge das Schienengeleis für manche forstliche Verhältnisse, insbesondere im Verein mit der Industrie — Eisenhütten, Holzschneidemühlen ꝛc. — in erster Linie als Transportmittel zu begünstigen sein dürfte, mag folgendes Beispiel zeigen, welches meinem im Auftrage des Herrn Ministers Dr. Lucius erstatteten Gutachten über die Anlage von Waldeisenbahnen in den Harzforsten des Regierungsbezirks Hildesheim entnommen ist.

In den beiden ca. 6000 ha großen Königlichen Forstrevieren Osterode und Riefensbeek mit ihren, in einer Höhenlage von 300 bis 600 m auf Grauwacke gut gedeihenden Fichtenbeständen sind nicht blos die, die Einführung des Schienengeleises im forstwirthschaftlichen Betriebe bedingenden Faktoren — geeignetes Terrain, genügendes Einschlagsquantum, günstige Lagerung der hiebsreifen Bestände, vortreffliches Absatzgebiet ꝛc. — vorhanden, sondern es weisen auch die im und am Walde gelegenen fiskalischen Sägemühlen, verpachtete Steinbrüche und Eisensteingruben mit ihren alljährlich in derselben Richtung zu bewegenden Transportmassen darauf hin, der Anlage des Schienengeleises eine ganz besondere Beachtung zu schenken und alle hierbei zu berücksichtigenden Momente einer genauen Prüfung zu unterziehen.

Die Länge des für das Hauptgeleise zu benutzenden Söse-Thales beträgt von Bahnhof Osterode bis zur fiskalischen Sägemühle im Revier Riefensbeek 13,0 km. Richtung und Gefäll dieses Längsthales ist für den Transport und für den Absatz der Wald- und Industrieprodukte vortrefflich, da das Gefäll im Durchschnitt nur 4% beträgt und das Befördern der Produkte zum Hauptabsatzorte — zum Koncentrationspunkte Bahnhof Osterode — immer in der Fallrichtung stattfindet.

Wenn auch in diesem Thalzuge sich bereits eine Chaussee befindet, so dürfte in Rücksicht auf die recht erheblichen Unterhaltungskosten derselben, herbeigeführt durch den Transport der vorhin erwähnten Produkte, sowie aus anderen, später zu erörternden Gründen die Anlage des Schienengeleises nicht ausgeschlossen sein. Es wird sich vielmehr empfehlen, die Straße zur Aufnahme des festen Geleises mit zu verwenden, wenn auch dessen Einbettung eine Nothwendigkeit sein sollte. Die Kosten hierfür bleiben zurück gegen die Aufwendungen, welche durch die Herstellung eines vollständig neuen Planums in den zum Theil felsigen Bodenpartieen veranlaßt werden.

---

spesen auf eine Transportdistanz von 8 km mit 435 m vertikaler Höhendifferenz zwischen Schlag und Holzstapelplatz stellen sich auf 0,75 M.; ohne die vorgemerkten Einrichtungen ehemals auf 3,5 M.

Der zur Anlage von Ausweicheplätzen erforderliche Raum ist an verschiedenen Stellen der Straße vorhanden.

Mit Ausnahme der von den Berechtigten zu befördernden Berechtigungshölzer (Brennholz) findet der Holzabsatz nur Thal abwärts nach den fiskalischen Sägemühlen Riefensbeek, Osterode und Bahnhof Osterode statt.

Dasselbe gilt auch für die Produkte der Eisenhütte und der Steinbrüche.

Es liegen weiter in den Hauptthälern sowohl, als auch in vielen in diese einmündenden und mit einer transportablen Bahn leicht zu erreichenden Seitenthälern viele haubare Fichtenbestände, sodaß das jährliche Hiebsquantum groß genug sein wird, um die Bahnanlage empfehlenswerth erscheinen zu lassen.

Um nun den Effekt der zu erbauenden Waldeisenbahn im Vergleich zu der bisher üblichen Transportmethode auf vierrädrigem Wagen in Zahlen zu gewinnen, sind folgende Ermittelungen und Berechnungen vorgenommen:

I. Die alljährlich zu transportirenden Lasten,

II. Die alljährlichen Transportkosten nach der bis dahin üblichen Transportmethode,

III. Die Kosten der Bahnanlage,

IV. Die Förderungskosten auf derselben,

V. Vergleich der berechneten Resultate behufs zahlenmäßiger Feststellung des Nutzeffekts der Bahn-Anlage.

ad I. Nach den auf Grund der Verwerthungs-Ergebnisse stattgehabten Zusammenstellungen werden alljährlich aus den beiden Revieren Osterode und Riefensbeek mit Einschluß der Schnittwaaren von den beiden fiskalischen Holzschneidemühlen ca. 9590,0 fm Fichten, Bau- und Nutzhölzer, Bohlen und Bretter auf der Bahn bis zum Bahnhof Osterode zu befördern sein. Nach den Angaben der Hüttenverwaltung und der Steinbruchspächter ist auf eine alljährliche Beförderung von ca. 180 000 Ctr. Rotheisenstein und 240 000 Ctr. Pflastersteine zu rechnen, sodaß im Ganzen, den fm mit 12 Ctr. gerechnet, 535 000 Ctr. Last alljährlich auf dem Schienengeleise zu transportiren sein werden.

ad II. Zur Ermittelung der für den Transport dieser Lasten in Rechnung zu stellenden bislang üblichen Fuhrpreise sind die Durchschnittssätze für fm und km berechnet und betragen die letzteren:

a. für die Wegstrecke aus den Hiebsschlägen nach der fiskalischen Sägemühle Riefensbeek 0,55 M. pro fm km.

b. für die Wegstrecke aus den Hiebsschlägen und von der fiskalischen Sägemühle Riefensbeek nach Bahnhof Osterode 0,20 M. pro fm km.*)

c. für die Wegstrecke aus den Hiebsschlägen des Revieres Osterode nach der fiskalischen Sägemühle Osterode und nach Bahnhof Osterode 0,25 M. pro fm km.

d. für die Wegstrecke von der Eisensteingrube nach Bahnhof Osterode pro Ctr. durchschnittlich 0,18 M.

e. für die Wegstrecke vom fiskalischen Steinbruch Degenkopf pro Ctr. 0,10 M.

f. für die Wegstrecke vom städtischen Steinbruch nach Osterode pro Ctr. durchschnittlich 0,12 M.

Nach Angaben der Revierverwaltungen werden nach den erwähnten fiskalischen Schneidemühlen, sowie nach Bahnhof Osterode folgende Lasten befördert, welche bei Zugrundelegung dieser Durchschnittssätze nachstehende Transportkosten verursachen:

1. Für Anfuhr von 3000 fm Fichten-Schneidehölzern aus den Schlägen des Revieres Riefensbeek bis zur fiskalischen Sägemühle, bei einer durchschnittlichen Entfernung von 4 km.

Mithin 12 000 fm km à 0,55 M. = 6600 M.

2. Für Anfuhr von 2000 fm Bretter, Bohlen 2c. von der fiskalischen Sägemühle Riefensbeek nach Bahnhof Osterode auf guter Straße bei einer durchschnittlichen Entfernung von 11,00 km.

Mithin 22 000 fm km à 0,20 M. = 4400 M.

3. Für Anfuhr von 2054 fm Fichten-Schneide-, Bau- und Nutzhölzern aus den Schlägen des Riefensbeeker Revieres nach Bahnhof Osterode bei einer durchschnittlichen Entfernung von 13,5 km.

Mithin 277 29 fm km à 0,20 M. = 5545 M.

4. Für Anfuhr von 500 fm Fichten-Schneide-, Bau- und Nutzhölzern aus den Schlägen des Revieres Osterode nach dem Bahnhofe alldort bei einer durchschnittlichen Entfernung von 7,0 km.

Mithin 3500 fm km à 0,25 M. = 875 M.

5. Für Anfuhr von 2038 fm Schnittwaaren von der fiskalischen Sägemühle Osterode nach Bahnhof Osterode bei einer durchschnittlichen Entfernung von 3,0 km.

Mithin 6114 fm km à 0,25 M. = 1528 M.

Mithin in Summa für 71 343 fm km = 18 948 M. Anfuhrkosten.

Diese jährliche Ausgabe mit 5% kapitalisirt giebt 378 960 M.

---

*) Aus den bequemer gelegenen Schlägen des Reviers Riefensbeek wird das Holz direkt nach dem Bahnhof Osterode geschafft.

Die Rückerlöhne betragen nach den Mittheilungen der Revierverwaltungen pro fm Bau- und Nutzholz 0,25 M.; mithin sind für die ad 1, 3 und 4 angeführten Nutzhölzer — 5554 fm — alljährlich verausgabt 1388,00 M.; mit 5% kapitalisirt macht = 27760,00 M.

An Wege-Unterhaltungskosten werden alljährlich für die beiden Reviere verausgabt 15000,00 M.; mit 5% kapitalisirt giebt 300 000,00 M.

Die jetzige Transportmethode für ausschließlich forstliche Zwecke erfordert demnach:

a. An Fuhrkosten . . . . . . ein Kapital von 378 960 M.
b. An Rückerkosten . . . . . „ „ „ 27 760 „
c. An Wege-Unterhaltungskosten . „ „ „ 300 000 „
oder in Summa einen Kapitalwerth von . . . . . 706 720 M.
wobei die Werthe für die Fahrzeuge noch unberücksichtigt geblieben sind.

Die Eisenhütte zu Harzburg hat an Transportkosten alljährlich zu zahlen: 180 000 . 0,18 M. . . . . = 32 400 M.

Die Steinbruchpächter des fiskalischen Steinbruchs: 160 000 . 0,10 M. . . . . = 16 000 „

Der Steinbruchpächter des städtischen Steinbruchs: 80 000 . 0,12 M. . . . . = 9 600 „

oder in Summa . . . . 58 000 M.
alljährliche Transportkosten; mit 5 % kapitalisirt entspricht einem Betrage von . . . . 1 160 000 „

Hierzu gerechnet das Holztransportkostenkapital von . . . . 706 720 „
giebt in Summa . . . . 1 866 720 M.
Kapitalwerth für die bisherige Transportmethode.

ad III. Für die Anlage der Waldeisenbahn werden folgende Geldbeträge in Anrechnung zu bringen sein:

I. Geleisanlage.

a. Ankauf von 13,0 km festliegendem Geleise mit 1,0 km Ausweichestellen zusammen 14,0 km à m 3 M. = 42 000 M.
b. Für 5,0 km. transportables Geleise à m 3,50 M. = 17 500 „
c. Für Kurven, Weichen rc. . . . . 1 500 „
Summa Ankauf für Geleisanlage . . . . . 61 000 M.

d. Bei Annahme einer 15 jährigen Dauer des Materials ist für Erneuerung desselben nach 15 Jahren, und zwar nach Abzug von 10% für alte Materialien, in Rechnung zu stellen: 54 900 . 0,92685 . . . . . = 50 884 „

e. Jährliche Unterhaltungskosten außer obiger Abnutzung 1% = 610 M., mit 5% kapitalisirt . . . . = 12 200 M.

f. Legen des festen Geleises und zwar

α) auf 12,0 km à 350 M. . . . . . . = 4 200 „

β) Versenken von 1 km festem Geleise und 1 km Kurven und Weichen à m 0,50 M. = 1 000 „

g. Wiederholen des Legens des festen Geleises nach je 15 Jahren macht bei 5% = 5 200 . 0,92685 rot. = 4 820 „

Also in Summa Geleisanlage . . . . = 134 104 M.

II. Rollendes Material.

a. Ankauf von 60 Stück Wagen zum Transport von Nutzholz und Schnittwaaren incl. Drehschemel, Kuppelstangen, Anspannvorrichtungen ꝛc. . . . . . . 10 000 M.

b. Bei Annahme einer 15jährigen Dauer des Materials würde nach je 15 Jahren dieselbe Summe zu verausgaben sein, abzüglich des Werthes vom alten Materiale, welcher mit 10% = 1000 M. in Anrechnung zu bringen ist, also bei 5% = 9 000 . 0,92685 . rot. = 8 342 „

c. Jährliche Unterhaltungskosten außer obiger Abnutzung 1% = 100 M., mit 5% kapitalisirt giebt . . = 2 000 „

Summa für rollendes Material . . . . . 20 342 M.

Dazu Summa der Geleisanlage . . . . . 134 104 „

macht Summa Summarum Kapitalwerth der Bahn-Anlage . . . . 154 446 M.

ad IV. Was die Förderungskosten mittelst der Bahn anlangt, so sind folgende Berechnungen zu beachten:

Bei Annahme, daß die Zugkraft täglich 30,0 km arbeitend zurücklegt, — also 15,0 km weit die Last führt und 15,0 km leer geht — und in einem Zuge eine Last von 24,0 fm. bergabwärts durch die eigene Schwere befördert wird und nur die leeren Wagen mit einem Pferde bergauf zu bringen sind, ergiebt sich eine tägliche Nutzleistung von 24 . 15 = 360 fm km.

Für Pferd und Fuhrmann den ortsüblichen Verdienst von 7,00 M. täglich in Ansatz gebracht, erfordert für den Transport pro fm km 0,02 Mark.

Der reine Transport für

a. 71 343 fm km erfordert demnach 71 343 . 0,02 M. = 1 427 M.

b. Die Auf- und Abladekosten werden nach Erfahrungssätzen sich wie folgt stellen:

α) für Aufladen von 5 554 fm Rundhölzer
à 0,20 M. . . . . rot. = 1 111 M.
β) für Aufladen von 4 038 fm Bretter à 0,10 M. = 404 „
γ) für Abladen der Rundhölzer 5 554 fm
à 0,08 M. . . . . = 444 „
δ) für Abladen von 4 038 fm Bretter à 0,10 M. = 404 „
ε) für Hülfeleistung beim Bremsen . . . . . = 200 „

Summa b. 2 563 M.

c. Bei der Annahme, daß die Rückerlöhne beim Bahntransporte sich um das Doppelte der bisherigen Ausgaben erhöhen, ergiebt sich eine alljährliche Ausgabe von . . . . 5554 . 0,50 = 2777 M.

d. Beim alljährlichen Umlegen des transportablen Geleises wird die längere Strecke desselben von 4,0 km auf bereits planirten Wegen zu legen sein.

Bei Annahme von 20 M. pro km ergiebt sich eine Ausgabe von 80 M.

Für den Rest des transportablen Geleises wird in den Seitenthälern an mehreren Stellen ein ca. 1,5 m breites Planum herzurichten sein, welches incl. Legen des Geleises mit 500 M. pro km oder im Ganzen — 1,5 km — mit . . . . 750 „ zu verrechnen ist.

e. Wenn man annimmt, daß durch den Bahnbetrieb ein Theil der Holzabfuhrwege ganz entbehrlich wird, ein anderer Theil aber wegen Abfuhr der Berechtigungshölzer, und ein Theil wegen der Holzbestände, die mit Eisenbahnen wegen der Terrainschwierigkeiten nicht zu erreichen sind, erhalten werden muß, so dürfte 1/8 der bisherigen Unterhaltungskosten gut ausreichen, um diese Ausgaben zu bestreiten.

Es sind mithin alljährlich erforderlich . . . . . 5000 M.

Die dauernden alljährlichen Ausgaben stellen sich demnach in Summa auf 12 597 M.

mit 5% kapitalisirt giebt einen Kapitalwerth von . . . 251 940 „
Hierzu der Kapitalwerth der Bahnanlage von . . . . 154 446 „

Mithin Summa Kapitalwerth der Bahnanlage, Förderungskosten u. s. w. . . . . 406 386 „

ad V. Nach den vorhin erörterten Berechnungen beansprucht die jetzige Transportart einen Kapitalwerth von 706 720 M. Durch die Anlage des Schienengeleises tritt mithin eine Ersparniß ein mit einem Kapitalwerth von 300 334 M., oder eine jährliche Ersparniß (mit 5% berechnet) von 15 017 M.

Weit günstiger aber stellt sich noch das Endresultat der Berechnungen, wenn man die Leistungen der Waldeisenbahnanlage für die bereits erwähnten Interessenten — Eisensteinhütte und Steinbruchspächter — mit in Rechnung zieht.

Es ergiebt sich dann Folgendes:

1. Zum Anschluß der Eisensteingrube an die Waldeisenbahn sind erforderlich:

I. Geleisanlage.

a. Ankauf von 4,0 km festem Geleise à 3 M.	=	12 000 M.
b. Für Kurven und Weichen		500 „
Summa Ankauf für Geleisanlage		12 500 M.
c. Erneuerung des Materials nach je 15 Jahren und zwar nach Abzug von 10% für alte Materialien = 11 250 M. Mithin sind in Ansatz zu bringen 11 250 . 0,92685 = rot.		10 427 „
d. Jährliche Unterhaltungskosten außer obiger Abnutzung 1% = 125 M., mit 5% kapitalisirt		2 500 „
e. Legen des festen Geleises auf 4,0 km à 500 M.		2 000 „
f. Wiederholen des Legens nach je 15 Jahren bei 5 % giebt 2000 . 0,92685 = rot.		1 854 „
Mithin in Summa Kapitalwerth der Geleisanlage		29 281 M.

II. Rollendes Material.

a. Ankauf von 24 Stück Wagen zum Transport der Eisensteine incl. Anspannvorrichtungen, Kuppelstangen 2c. à 150 M.	=	3 600 M.
b. Erneuerung der Wagen nach je 15 Jahren, nach Abzug des Werthes der alten Materialien mit 10% = 3240 M.; mithin 3240 . 0,92685 = rot. . . .		3 003 „
c. Jährliche Unterhaltungskosten außer obiger Abnutzung, 1% = 36 M., mit 5% kapitalisirt	=	720 „
Summa Kapitalwerth des rollenden Materials .	=	7 323 M.
Hierzu Kapitalwerth der Geleisanlage	=	29 281 „
Mithin Summa Kapital der Bahnanlage . . .	=	36 604 M.

Liegt es in Absicht, in 300 Tagen 180 000 Ctr. Eisenstein zu befördern, so müssen täglich 600 Ctr. transportirt werden. Da in einem Zuge 300 Ctr. zu befördern sind, so sind 2 Arbeiter und zwei Zugkräfte täglich nothwendig. Für diese ist ein täglicher Verdienst von 14 M. in Rechnung zu stellen; es kostet demnach die Beförderung der 180 000 Ctr. Eisenstein durch das Schienengeleis 300 . 14 M. . . = 4 200 M.

Nimmt man zum Bremsen auf der 4,0 km langen Schienenstrecke bis zum Söſethal noch einen Arbeiter an, so mögen für diesen noch in Ansatz gebracht werden . 300 „

Hiernach stellt sich die alljährliche Ausgabe für Beförderung des Eisensteins zum Bahnhofe Osterode auf 4 500 M., oder bei 5% Kapitalisirung auf . . . . 90 000 M.

Hierzu der Kapitalwerth der Bahnanlage mit . . 36 604 „

giebt in Summa . . . . 126 604 M.

Bringt man den Kapitalwerth des festen Schienengeleises von Riefensbeek nach Bahnhof Osterode — 134 104 M. — mit in Anrechnung, so beträgt die ganze Summe . . . . 260 708 M.

Die bisherige Transportmethode hat der Eisenhütte eine alljährliche Ausgabe von 32 400 M. verursacht, welche einem Kapitalwerthe von 648 000 M entspricht. Der Eisenhütte würde darnach bei alleiniger Anlage der Schienenbahn noch eine Ersparniß von 648 000 M. — 260 708 M. = 387 292 M. zu Gute kommen.*) —

2. Zum Anschluß des fiskalischen Grauwacke-Steinbruches an den Degenköpfen sind erforderlich:

I. Geleisanlage.

a. Ankauf von 1,5 km festem Geleise à 3 M. . = 4 500 M.

b. Kurven, Weichen, einzelne transportable Joche 500 „

Summa Ankauf . . . . 5 000 M.

c. Für Erneuerung des Materials nach je 15 Jahren unter Anrechnung des 10%-Werthes der alten Materialien sind in Ansatz zu bringen 4500 . 0,92 685 . . . . = 4 170 M.

d. Jährliche Unterhaltungskosten außer obiger Abnutzung 1% = 50 M., mit 5% kapitalisirt . . . . . = 1 000 „

e. Legen des festen Geleises auf 1,5 km, pro km 500 M. . . . . = 750 „

f. Wiederholen des Legens des festen Geleises nach je 15 Jahren bei 5% = 750 . 0,92 685 M. . . . . = 695 „

Summa Kapitalwerths der Geleisanlage = 11 615 M.

---

*) Die für Benutzung des Stammgeleises ev. an den Fiskus zu zahlende Entschädigung ist bei den Einzelberechnungen, weil in ihrer Höhe schwer festzustellen, außer Acht gelassen.

II. Rollendes Material.

a. Ankauf von 20 Wagen incl. Anspannvorrichtungen 2c. à 150 M.	=	3 000 M.
b. Erneuerung der Wagen nach je 15 Jahren unter Anrechnung von 10% für den Werth des alten Materials erfordert einen Betrag von 2700 . 0,92 685 M. . . .	=	2 502 „
c. Jährliche Unterhaltungskosten außer obiger Abnutzung 1% = 30 M., mit 5% kapitalisirt	=	600 „
Summa Kapitalwerth des rollenden Materials	=	6 102 M.
Hierzu der Kapitalwerth der Geleisanlage	=	11 615 „
ergiebt in Summa einen Kapitalwerth der Anschlußbahn zum fiskalischen Steinbruch von	=	17 717 M.

Bei 5 km Entfernung des Steinbruches von Osterode ist täglich dreimal eine Last von je 300 Ctr., im Ganzen von 900 Ctr. zu befördern. Der Transport von 160 000 Ctr. wird demnach 180 Arbeitstage erfordern. Der Arbeitstag für 1 Mann und 1 Pferd mit 7 M. in Ansatz gebracht,

erfordert einen alljährlichen Geldbetrag von 7 . 180 . .	=	1 260 M.
oder einen Kapitalwerth von	=	25 200 „
Der Gesammtwerth der Bahnanlage stellt sich mithin auf	=	42 917 „

Der bisherige Transport hat eine alljährliche Ausgabe von 16 000 M. verursacht, gleich einem Kapitalwerth von 320 000 M.*)

3. Für die Anschlußbahn zum Steinbruch in der Stadtforst stellt sich folgendes Resultat heraus:

I. Geleisanlage.

a. Ankauf von 2 km festem Geleise à m 3 M. .	=	6 000 M.
b. Kurven, Weichen 2c.	=	500 „
Summa Ankauf	=	6 500 M.
c. Erneuerung der Geleisanlage nach je 15 Jahren nach Abzug von 10% für den Werth der alten Materialien 5850 . 0,92 685	=	5 422 „
d. Jährliche Unterhaltungskosten außer obiger Abnutzung 1% = 65 M., mit 5% kapitalisirt	=	1 300 „
Summa Kapitalwerth der Geleisanlage	=	13 222 M.

*) S. Anmerkung Seite 18.

II. Rollendes Material.

a. Für Ankauf von 20 Wagen incl. Anspannvorrichtung 2c. à 150 M. . . . . = 3 000 M.

b. Erneuerung der Wagen nach je 15 Jahren unter Anrechnung eines 10%-Werthes für das alte Material 2700 . 0,92 685 . . . . = 2 502 „

c. Jährliche Unterhaltungskosten außer obiger Abnutzung 1% = 30 M., mit 5% kapitalisirt . . . . . = 600 „

Summa Kapitalwerth des rollenden Materials = 6 102 M.

Hierzu der Kapitalwerth der Geleisanlage = 13 222 „

ergiebt einen Gesammtkapitalwerth der Bahnanlage von = 19 324 M.

Bei 5 km Entfernung des Steinbruches von Osterode sind täglich 900 Ctr. Pflastersteine zu befördern. Zum Transporte von alljährlich 80 000 Ctr. sind somit rot. 90 Arbeitstage erforderlich. Letztere für 1 Mann und 1 Pferd mit 7 M. täglich in Ansatz gebracht, ergiebt eine alljährliche Ausgabe von 630 M., welche bei 5% einem Kapitalwerthe von 12 600 M. entspricht.

Der Gesammtwerth der Bahnanlage setzt sich hiernach zusammen aus dem Kapitalwerthe der Bahnanlage . . = 19 324 M.
+ Kapitalwerth der Förderungskosten . . . . = 12 600 „

Summa = 31 924 M.

Die bisherigen Kosten des Transportes haben alljährlich 80 000 . 0,12 . . . . = 9 600 „
betragen, gleich 192 000 M. Kapitalwerth.

Wird von den vier Interessenten die Bahnanlage gemeinschaftlich unternommen, wobei dann die Eisenhütte und die beiden Steinbruchspächter einen Theil der Anschaffungskosten des gemeinschaftlich benutzten Geleises noch mit zu tragen haben würden, so sind folgende Kapitalswerthe in Rechnung zu stellen:

1. Forstfiskus . . . . = 406 386 M.
2. Eisensteingrube . . . . = 126 604 „
3. Steinbruchspächter im fiskalischen Reviere . . = 42 917 „
4. Steinbruchspächter im städtischen Reviere . . = 31 924 „

oder in Summa = 607 831 M.

Nach den vorgenommenen Berechnungen erfordert die bisher übliche Transportart folgende Kapitalwerthe:

1.	für den Forstfiskus:		
	a. Fuhrkosten	=	378 960 M.
	b. Rückerkosten	=	27 760 „
	c. Wege-Unterhaltungskosten	=	300 000 „
		Summa =	706 720 M.
2.	für die Eisensteingrube	=	648 000 „
3.	für den verpachteten fiskalischen Steinbruch	=	320 000 „
4.	für den städtischen Steinbruch	=	192 000 „
		In Summa	1 866 720 M.

Hiernach ist eine Differenz von **1 258 889 M.** vorhanden, oder bei 5% Verzinsung eine jährliche Ersparniß von **62 944 M.**, welche zu Gunsten des Schienengeleises und für dessen baldige Einführung spricht.*)

Die Anwendung des transportablen Geleises wird weiter von Nutzen sein, wenn es sich darum handelt, den durch außergewöhnliche Elementarbeschädigungen (durch Schnee-, Duft- und Windbruch) eingetretenen bedeutenden Material-Anfall rasch zu verwerthen. Ebenso wird von dieser Transportmethode mit Vortheil noch Gebrauch gemacht werden können, wenn aus natürlichen Verjüngungen (Besamungsschlägen) oder Schirmschlägen auf coupirtem Terrain das Heranrücken der Nutzhölzer per Achse an fahrbare Wege erhebliche Beschädigungen des Aufschlages verursachen oder gar unausführbar sein würde. Letzteres wird auch nicht selten in manchen eben gelegenen Waldungen mit feuchtem, strengem, thonigem Boden (Eichen-Mittelwald) der Fall sein, wo sonst der in ebenen Waldkomplexen übliche Transport der Nutzhölzer mittelst Pferdekraft auf zweiräderigen Wagen geschähe. Daß endlich auch in Waldkomplexen mit gut ausgebauten (chaussirten) Hauptwald- oder Vicinalwegen, auf welchen die Anlage des Hauptschienennetzes der bedeutenden Kosten wegen unausführbar ist, das transportable Schienengeleis von den Hiebsflächen aus auf Nebenwegen bis zu befestigten Hauptwegen mit Vortheil zu verwenden ist, beweisen die an einigen Orten, so in Gartow von Graf B. Bernstorf angestellten Versuche. Die gewöhnlichen Landwagen werden in den Schlägen mit

---

*) Nicht genug kann empfohlen werden, derartige vergleichende Rentabilitäts-Berechnungen anzustellen. Es treten auf diese Weise Zahlen zu Tage, welche die Revierverwaltungen anspornen, auf die Reducirung der Wege-Unterhaltungs-, Transport-, sowie der Rückerkosten 2c, Bedacht zu nehmen.

der auf der Steinbahn fortzuschaffenden Last beladen, am Anfangspunkte mittelst einer einfachen Vorrichtung ohne Umladung auf Aufsätze der Eisenbahnwagen geschoben, auf dem Schienengeleise sodann bis zur festen Fahrbahn des Weges (Chaussee) befördert und hier, am Endpunkte des Schienengeleises, durch eine einfache Einrichtung auf die Straße gestellt und auf dieser in der gewöhnlichen Weise weiter gefahren.

Die praktische Anwendbarkeit des Schienengeleises wird nach diesen Erörterungen — um es kurz zu rekapituliren — empfehlenswerth sein, wenn drei Grundbedingungen erfüllt sind:

ein günstiges Terrain,

ein zureichender, die Kosten der Anlage lohnender Einschlag und

unmittelbarer Anschluß der Waldeisenbahn an den Holzstapelplatz (wenn irgend thunlich ohne Zwischentransport per Achse) mit relativ größerer Entfernung des letzteren vom Schlage. —

Was das Terrain anlangt, so wird das Schienengeleis im großen Betriebe nur verwendbar sein, wo man es mit ebenem, schwach hügeligem Flachlande oder mit zweckmäßig gelegenen Thalzügen und Hochebenen im Hügellande und Gebirge zu thun hat, wo die Holzriese als billigstes Verbindungsglied der transportablen Bahn mit der in der Thalsohle gelegenen festen Bahn mit in Berücksichtigung gezogen werden kann. Alle bis jetzt gemachten Erfahrungen stimmen darin überein, daß Elevationen, die in längerer Erstreckung 5 und mehr Procent Steigung haben, sich nicht mehr zum Holztransport durch Eisenbahnen eignen. Welchen Einfluß die Steigung hat, geht schon daraus hervor, daß — nach vergleichenden Versuchen — zur Bewältigung einer Bruttolast von 7500 kg in ebener Lage 1 Pferdekraft genügt, dagegen für dieselbe Last bei 4 % Steigung schon 6, bei 5 % Steigung schon 8 Pferdekräfte nothwendig sind; ebenso lassen sich bei stärkeren Steigungen auf **längere** Strecken größere Lasten nicht gefahrlos abwärts bewegen; die Hemmvorrichtungen reichen dazu nicht aus. Außerdem ist durch den fortgesetzten Gebrauch der Bremse die Abnutzung des Materials eine zu bedeutende und erfordert zu kostspielige Reparaturen.*)

Die zweite und dritte Bedingung anlangend, so lohnt sich die Anlage einer Waldeisenbahn nur dann, wenn größere Holzmassen —

*) Daß auch die Witterungsverhältnisse in hohem Grade auf die Benutzung der Bahn influiren, ist einleuchtend.

Nutz- und Derbbrennhölzer — zum Einschlag kommen und diese nach einer oder wenigen Hauptrichtungen hin auf große Entfernungen bis zur Holzablage (Fluß, Kanal, Eisenbahnstation, große Sägemühlenwerke) geschafft werden müssen.

Von vielen Seiten wird gegen die Einführung des Schienengeleises im forstwirthschaftlichen Betriebe der Grund angeführt, daß in manchen Gegenden die Landwirthe durch den Fortfall der Verwendung ihrer Gespannkräfte zur Anfuhr der Hölzer eine empfindliche Lücke in ihrem Erwerbe empfinden würden. Ich bin der Meinung, man darf diese volkswirthschaftlich gewiß berechtigte Frage nicht ausschließlich vom zu idealen Standpunkte auffassen, sondern muß dabei auch folgende Punkte in Erwägung ziehen:

In Gegenden, in welchen größere oder mittlere Guts- und Bauernwirthschaften sich mit der Anfuhr der Hölzer befassen, kann man im Großen und Ganzen auf Grund der Urtheile sachverständiger Landwirthe behaupten, daß die Besitzer besser thäten, dem Grundsatze „mehreren Herren dienen" nicht zu huldigen. Ihre Wirthschaften würden sich in weit besserem und günstigerem Zustande befinden, wenn die Zugkräfte anstatt zur Anfuhr der Forstprodukte zur Verbesserung ihrer Aecker, Wiesen, zu Meliorationen ꝛc. benutzt würden. — In vielen Bauernhöfen wird zu Gunsten des Lohnfuhrwerks die kostspielige Pferdekraft gehalten oder die Zahl der Pferde vergrößert, wo die billigere Gespannkraft (Ochse, Kuh) zur Feldbestellung vollständig genügte und weit praktischer wäre. Alte, abgetriebene Pferde werden oft aufgekauft, die wenig leisten; erhöhte Ausgaben für Stellmacher, Schmied sind meistens unausbleiblich; Knechten oder Frauen wird die Wirthschaft übertragen, während der Bauer vorzieht, die weniger anstrengende Arbeit und den nicht sehr soliden Lebenswandel beim Fuhrwerk auszuüben. Der Verdienst ist keineswegs bedeutend, dahingegen Rückgang in den Bauernwirthschaften an vielen Orten zu konstatiren. Der Grund, zu Gunsten der Holzabfuhr (Vecturanz) die größere Anzahl von Pferden und Knechten halten zu müssen, ist kein stichhaltiger, da erfahrungsmäßig der Verdienst mit den Kosten für Ankauf und Unterhaltung der Zugkräfte nicht im Einklange steht. — Ich sollte meinen, das Bestreben der größeren Wirthschaften müßte vielmehr dahin gerichtet sein, die theure Zugkraft, das Pferd, und die zu dessen Bedienung erforderliche Arbeitskraft thunlichst zu vermindern und durch Einführung besserer Transportmittel im landwirthschaftlichen Betriebe, durch rationellere Bestellung u. s. w. die Produktionskosten zu reduziren. Hierzu ist die Verwendung des transportablen Schienengeleises im landwirthschaftlichen Betriebe nicht blos auf den größeren Gütern, sondern auch für die Landgemeinde — bei Vereinigungen von passend gelegenen Bauernwirthschaften — von nicht zu unterschätzender Bedeutung.

Was die Besitzer von holzindustriellen Etablissements, Schneidemühlen 2c. anlangt, welche die Anfuhr der Hölzer mit ihrem eigenen Gespann betreiben, so sind diese Persönlichkeiten nach an verschiedenen Orten eingezogenen Erkundigungen sehr damit einverstanden, wenn durch die Einführung des Schienengeleises ihnen die Möglichkeit der Reduzirung von Gespann und Arbeitskräften geboten wird und ihnen manche Unbequemlichkeiten und Aerger in Folge dessen erspart bleiben.

In Waldgebieten, in welchen die Anlage des Schienengeleises aus forstwirthschaftlichen Gründen geboten ist, auf dasselbe zu Gunsten der kleinen Feldbesitzer zu verzichten, ist keine Veranlassung vorhanden. Denn in der Regel ist die Wahrnehmung zu machen, daß die Holzhändler ihre Kontrakte mit den größeren Fuhrwerksbesitzern, mit Holzspediteuren vollziehen, mit welchen der kleine Besitzer, welcher nur ein oder zwei Pferde hält, nicht zu konkurriren in der Lage ist. Die ersteren nehmen die kleineren Fuhrwerksbesitzer vielmehr zur Anfuhr mit an, drücken diese noch wohl im Preise und der Verdienst der letzteren ist meistens ein sehr geringer.

Im Uebrigen sind die Einwendungen, daß die Existenz der Fuhrleute bei Einführung der Schienenbahnen in Frage stehe, keineswegs neu. Sie wurden auch beim Bau der Haupt- und Sekundärbahnen erhoben. Daß durch dieselben aber die Fuhrleute existenzlos geworden, ist wohl nirgends zu konstatiren. Bei vielen ist noch genügende Arbeit geblieben und manche haben ihre Kräfte anderen, ihnen zusagenderen Beschäftigungen gewidmet. So wird es auch bei der Waldeisenbahn der Fall sein. Ganz abgesehen davon, daß diese nicht überall, sondern nur unter ganz bestimmten forstlichen und wirthschaftlichen Verhältnissen gerechtfertigt ist, wird auch ihre Verbreitung schon aus technischen Gründen nur allmälig erfolgen, so daß die Fuhrleute Zeit genug haben, sich andere Erwerbsquellen aufzusuchen. Für den kleineren Fuhrwerksbesitzer wird sich auch bei Anlage der Waldeisenbahnen noch immer genug Gelegenheit zur Anfuhr der Hölzer oder zu Beschäftigungen im Schlage oder auf Holzlagerplätzen finden.

Allgemeine Gesichtspunkte bei Anlage des Schienengeleises im Walde.

Bei Einführung des Schienengeleises in größeren Waldkomplexen wird man unter Berücksichtigung der Terrain- und Absatz-Verhältnisse, der Lage der Hiebsorte 2c., vor allen Dingen einen Plan für das Schienennetz mit Beachtung des Grundsatzes entwerfen müssen, daß eine längere Zeit festliegende Hauptschienenader (Stammgeleise) im Interesse des Kostenpunktes und des Effekts der Anlage zur Anwendung kommt, an welche die Nebenadern — die transportablen Geleise — nach und in den Hiebsschlägen anzuschließen sind.

Die Richtung und Lage des Hauptgeleises ist so auszuwählen, daß die zum Hiebe bestimmten Bestände womöglich von dieser geschnitten werden, oder doch in nicht zu weiter Entfernung von dem festen Geleise gelegen sind, damit die Anschaffungskosten des theureren transportablen Geleises und der häufige und unbequeme Transport desselben auf ein Minimum reduzirt werden.

Es ist weiter erwünscht, um die Zugkraft auf dieser Hauptader voll auszunutzen und den vollen Effekt der Bahn zur Geltung bringen zu können, die geradlinige Richtung, also die Vermeidung schärferer Krümmungen unter gleichzeitiger Berücksichtigung der Terrainverhältnisse ganz besonders ins Auge zu fassen. Wenn irgend thunlich, Verbindung zwischen Anfangs- und Endpunkt des Stammgeleises auf horizontalem Wege, oder mit günstigem Gefäll (3—4%) in der Richtung des Transports, da die Förderung von Lasten mittelst des Schienengeleises bergan, wie die Tabelle auf Seite 4 zeigt, in ihrem Effekte sehr zurücktritt.

Im Walde vorhandene, günstig gelegene Verkehrswege wird man im Interesse des Kostenpunktes in erster Linie für die Hauptadern ins Auge zu fassen haben; die in diesen Wegrichtungen etwa auftretenden ungünstigen Gefällverhältnisse — Gegengefälle — sind durch Ab- und Aufträge zu beseitigen, wozu die Kippwagen für den Erdtransport mit Vortheil zu benutzen sind. Erdbewegungen sind überhaupt nicht zu scheuen, da eine einmalige größere Arbeitsaufwendung unzweifelhaft billiger ist, als eine sich vielfach wiederholende, ungünstige Kraftverschwendung, die überdies weit mehr Zeit beansprucht (Vorspann, Abkuppelungen).

Im Uebrigen ist das feste Geleise als eine Eisenbahn einfacher Konstruktion anzusehen, die nach Maßgabe der für solche durch die Erfahrung gegebenen und bewährten Regeln, wie sie kurz angedeutet wurden, mit Leichtigkeit herzustellen ist.*) Im Preise stellt sich diese Anlage pro m auf 2,50 bis 3 M., während der Meter des transportablen Joches im Durchschnitt mit 3 bis 4 M. in Rechnung zu stellen ist.

Mit der Einführung einer derartigen Transportmethode ist die Anlage von **Holzstapelplätzen** geboten; diese sind mit Rücksicht auf die Markt- und Holzabsatzverhältnisse an passender Stelle der allgemeinen Verkehrsanstalten mit besonderer Umsicht auszuwählen. Ihre Ausdehnung ist nach den alljährlich dorthin zu schaffenden Holzquantitäten, ihre Eintheilung unter Berücksichtigung der vorkommenden Nutzholzklassen und ihre Lage so zu bestimmen, daß die Qualität der Hölzer nicht leidet und das Abladen und Sortiren der letzteren geringe Kosten verursacht; ein gleichmäßiges Gefäll ist demnach auch für diese Plätze erwünscht.

Die Schwierigkeiten und Kosten der Bahnanlage werden selbstverständlich wachsen und ihre Rentabilität wird sinken, je weniger konzentrirt der Holzabsatz ist und je mehr die Anlage von Holzstapelplätzen an verschiedenen Orten nothwendig wird. — —

Eigen- oder Unternehmerbetrieb.

Von hoher Bedeutung für den Waldbesitzer (Forstfiskus) ist endlich die Frage: ob der Ankauf des Schienengeleises, oder der Betrieb in Entreprise durch einen Unternehmer zu wählen ist.

Wie in so vielen Fragen des forstwirthschaftlichen Betriebes das Generalisiren vom Uebel ist, so ist auch die Beantwortung dieser Frage generell nicht möglich, sondern nur auf Grund eingehender Untersuchungen der örtlichen Verhältnisse — Masse und Qualität des Einschlages, Belegenheit der Absatzorte und Hiebsflächen und andere Umstände — zu bewirken und darnach in jedem einzelnen Falle die Entscheidung zu treffen.

Im Allgemeinen dürften für diese wichtige Frage folgende Momente in Berücksichtigung zu ziehen sein:

a. Der verwaltende Forstbeamte ist an vielen Orten zur Zeit des Holztransports und der Verwerthung viel zu sehr beschäftigt, um den jedenfalls viel Zeit und Umsicht erfordernden Betrieb der Waldeisenbahnen noch nebenbei genügend leiten zu können; ebenso liegen die Verhältnisse bei den Forstschutzbeamten, welche zur Zeit des Fällungs- und Kulturbetriebes vollauf zu thun haben. In sehr vielen Fällen wird daher beim Eigenbetriebe der Waldeisenbahnen eine Vermehrung des Forstschutzpersonals

*) In neuerer Zeit verwendet man auch 5—6 m lange, von zwei Arbeitern zu transportirende Joche zur festen Geleisanlage; dieselben bewähren sich zweckmäßiger beim Verlegen und Aufnehmen, als die längeren Rahmenstücke.

erwünscht sein, zumal dann, wenn die Einarbeitung in diesen Betrieb älteren Beamten viel Mühe bereitet, oder solche bei ihnen überhaupt nicht mehr zu erzielen ist.

b. Es ist weiter hervorzuheben, daß der Unternehmer in seiner Eigenschaft als Techniker viel leichter Verbesserungen herausfinden und auch anbringen kann, als der Waldbesitzer, welcher wünschenswerthe Umänderungen deshalb recht oft unterläßt, weil diese einmal mit Kosten verbunden sind und andererseits auch unbrauchbares Material zurücklassen, dessen anderweitige Verwerthung für ihn weit schwieriger als für den Unternehmer ist.

In Waldkomplexen, wo es sich um den Ankauf bedeutender Schienenbahnen handelt, dürfte dieser Punkt eine beachtenswerthe Bedeutung haben und in reifliche Erwägung zu ziehen sein.

c. Beim Eigenbetrieb des Schienengeleises wird der Waldbesitzer den Transport entweder im Tagelohn bewirken, oder denselben in Accord pro fm oder rm vergeben müssen.

Der erste Modus ist sehr kostspielig und erfordert die fortgesetzte Leitung und Beaufsichtigung des ganzen Betriebes, während der zweite Weg den Mißstand aufweist, daß es schwer halten wird, festzusetzen, wie viel Schäden (Reparaturen) am Materiale durch den Transport, oder durch die Fahrlässigkeit der Arbeiter des Accordanten herbeigeführt worden sind.

In Folge dessen wird der Waldbesitzer stets bedeutendere Reparaturkosten zu tragen haben.

d. Es ist ferner noch hervorzuheben, daß der Unternehmer darnach trachten wird, das Schienengeleis zur Zeit der Ruhe des Holztransports zu mancherlei anderen Zwecken, z. B. im landwirthschaftlichen Betriebe, zu verwenden. Dem Waldbesitzer (Forstfiskus) wird eine solche Verwendung kaum möglich sein, weil sie mit zu viel Weitläufigkeiten, mit Transport- und Reparaturkosten verbunden ist. Für ihn wird das Schienenmaterial in der Regel zur Hälfte des Jahres unbenutzt liegen bleiben.

e. Und es ist endlich auch in Berücksichtigung zu ziehen, wem die Kosten für die Versicherung der beim Betriebe beschäftigten Beamten und Arbeiter gegen Betriebsunfälle zufallen. —

Zu Gunsten des Selbstbetriebes macht man geltend:

a. Daß sowohl Unternehmergewinn, als ein Theil der Beamtenbesoldung gespart wird, der Betrieb also billiger sich gestaltet.

Hiergegen kann man einwenden, daß der Unternehmer mancherlei Vortheile im Betriebe auszunutzen vermag, es wird ihm also keine großen Schwierigkeiten bereiten, den Unternehmergewinn durch zweckmäßige Anlagen und Einrichtungen (Aufstellung von Maschinen 2c.) sich zu verschaffen. In Rücksicht auf die anderweite Benutzung des alten Materials wird der solide, reell rechnende Unternehmer nur die Amortisation des Anlagekapitals in Rechnung stellen, während er beim Verkauf des Schienengeleises den Verdienst am Materiale auch nicht unbeachtet läßt.

b. Daß es von großer schließlich auch volkswirthschaftlich zu beachtender Bedeutung sein kann, wenn bei Vertheidigung des Vaterlandes, beim Ausbruche eines Krieges die Militairverwaltung sofort über das im Staatseigenthum befindliche Schienengeleis disponiren und dasselbe ohne Weiteres zur Heranschaffung von Proviant, Munition und Geschützen, zum Transport von Verwundeten zu verwenden in der Lage ist.

c. Es ist endlich nicht zu verkennen, daß die jederzeitige, freie Disposition über das Schienengeleis manche Vortheile in sich schließt, die sich beispielsweise zeigen werden, wenn durch außergewöhnliche Elementarbeschädigungen (Wind-, Schnee-, Duftbruch) nicht unbedeutende Holz-Quantitäten im Walde sich vorfinden, deren rasche Verwerthung resp. Beseitigung aus dem Walde aus forstwirthschaftlichen Gründen dringend geboten ist.

Aus diesen allgemeinen Erörterungen dürfte zu folgern sein, daß, je nach Lage der Verhältnisse, der Waldbesitzer die Entscheidung zu treffen hat, ob Eigen- oder Unternehmerbetrieb bei den Waldeisenbahnen zur Anwendung gelangen soll. Liegen beispielsweise die Verhältnisse derartig, daß der Transport von Waldprodukten in ausgedehnten Waldungen in Frage kommt, der Absatz ein einheitlicher, bestimmter ist und für längere Zeiträume derselbe bleiben wird, so dürfte es empfehlenswerth sein, einem Unternehmer den Transport zu übergeben; denn unter solchen Verhältnissen ist dieser in der Lage, von allen wünschenswerthen Einrichtungen zur Erleichterung des Transportes — Aufstellung und Benutzung von Maschinen 2c. — Gebrauch machen und somit seine Forderungen bezüglich der zu vergütenden Transportkosten genau berechnen und auf das zulässig geringste Maß festsetzen zu können.

Bei derartigen einheitlichen Absatzverhältnissen ist der Waldbesitzer auch nicht an eine bestimmte Zeit für die beste Verwerthung des eingeschlagenen Holzmaterials gebunden, sondern je nach seinem Ermessen kann entweder der Verkauf vor dem Transporte des Holzmaterials oder nach demselben auf der Ablage stattfinden*).

*) Der Unternehmerbetrieb ist bereits eingeführt in den Forsten des Grafen Stollberg-Wernigerode im Regierungsbezirk Oppeln. Dem Ingenieur Birnbaum ist in der Inspektion Eichhorst (Forstmeister von Gehren) der Holztransport — ca. 20 000 fm — übertragen.

Theilt sich aber der Holzabsatz nach mehreren Richtungen, ist der Waldbesitzer nicht in der Lage, vorher bestimmen zu können, welche Stücke resp. Schläge nach dem einen oder anderen Absatzorte oder Holzstapelplatze zu befördern sind, — kann der Transport mithin erst nach dem Verkauf stattfinden — so wird ein Unternehmer nur dann zu gewinnen sein, wenn zur genügenden Ausnutzung des Schienenmaterials ihm einerseits alljährlich der Transport bestimmter, dem Kapital der Anlage entsprechender Holzquantitäten garantirt werden kann und wenn anderseits beim Beginn des Transportes alle nicht durch das Schienengeleis zu transportirenden Hölzer aus den Schlägen abgefahren sind. Wo also nicht eine vorherige Anfuhr auf eine oder nur wenige Ablagen bewirkt werden kann, die Anlage des Schienengeleises überhaupt in reifliche Erwägung zu ziehen ist, wird es das zweckmäßigste sein, den Ankauf des Schienengeleises Seitens des Waldbesitzers zu bewirken, weil die Gewinnung von Unternehmern mit Schwierigkeiten verknüpft ist und deren Forderungen zweifellos recht erhebliche sein werden.

Was schließlich die Bedingungen anlangt, welche beim Eigen- und beim Unternehmerbetrieb zu Grunde zu legen sind, so wird man beim Ankauf der Materialien und Fabrikate für den Eigenbetrieb je nach dem Zweck der Anlage und nach den Terrainverhältnissen die Bedingungen nach denjenigen Gesichtspunkten zu formuliren haben, welche in Capitel II bei Erörterung der Frage: welche technische Anforderungen sind an das Schienengeleis zu stellen, ausführlich zur Sprache gebracht wurden.

Für den Unternehmerbetrieb können diejenigen Bedingungen zur Richtschnur genommen werden, welche für das Lehrforstrevier Eberswalde zu Grunde gelegt wurden und in folgenden Punkten die Specialbedingungen enthalten:

1. Unternehmer besorgt den Transport des Derbholzeinschlages aus den Schlägen des Blockes I, Bornemannspfuhl Hochwald der Oberförsterei Eberswalde nach der in der Eberswalder Stadtforst am Kirchhof zu errichtenden Ablage mittelst Waldbahn, so weit ihm derselbe von der Revierverwaltung überwiesen wird.

   Zur Abfuhr der Totalitätshölzer (Windbruch, Trockniß 2c.) ist er nur verpflichtet, wenn dieselben unmittelbar am Geleise liegen.

2. Fiskus verpflichtet sich, jährlich mindestens ... fm (hiervon circa ... fm Bauholz) zum Transport zu übergeben, wobei 10 rm Brennholz resp. Schichtnutzholz = 7 fm zu rechnen sind.

   Umfaßt der zu transportirende Einschlag ein geringeres

Quantum, so hat Fiskus dem Unternehmer den Ausfall am Verdienste derart zu ersetzen, daß er für jeden minder transportirten Festmeter den um 50 Pf. verminderten Einheitssatz zahlt.*)

3. Jährlich bis zum 1. Dezember sind dem Unternehmer von der Forstverwaltung die Schläge und das ungefähre Hiebsquantum nach Sortimenten für das laufende Wirthschaftsjahr anzugeben.

4. Die Forstverwaltung übergiebt dem Unternehmer die einzelnen Schläge nach ihrer Fertigstellung derart, daß die Anfuhr des gesammten Quantums ohne Unterbrechung durchgeführt werden kann.

   Die Uebergabe erfolgt auf Grund eines Auszuges aus den Förster-Nummerbüchern. Hiervon erhält ein Exemplar der Unternehmer, ein zweites, von letzerem zum Zeichen der erfolgten Übernahme bescheinigtes Exemplar, der Förster.

5. Mit der Abfuhr ist spätestens 8 Tage nach Übergabe des ersten Schlages zu beginnen und pro Tag durchschnittlich ein Minimalquantum von ... fm zu transportiren.

   Die Abfuhr wird in ihrer Masse nach drei Wochen von der Forstverwaltung controlirt und kann dieselbe bei Säumigkeit des Unternehmers eine Konventionalstrafe von 50 Pfennigen pro fm des minder transportirten Quantums verhängen.

   Ist Unternehmer nach Verlauf fernerer drei Wochen trotzdem wieder mit der Anfuhr im Rückstande geblieben, so soll die Forstverwaltung befugt sein, die Ordnungsstrafe mit 50 Pf. pro fm sofort und nach je drei Wochen zu wiederholen, oder ihm die weitere Anfuhr des Wadels zu entziehen.

6. 24 Stunden vor Beginn der Abfuhr hat der Unternehmer sowohl dem Belaufsförster, als auch dem Ablageaufseher Nachricht zu geben. Er darf sich mit seinem Gespann nicht früher als eine Stunde vor Sonnenaufgang im Schlage einfinden und nicht später als mit Sonnenuntergang auf der Ablage eintreffen, auch mit beladenen Fahrzeugen nicht über Nacht unterwegs bleiben, bei Vermeidung einer Konventionalstrafe von drei Mark für den einzelnen Fall.

7. Der Unternehmer stellt das zum Transport erforderliche Material, Gespann und Arbeitskräfte, besorgt das Geschäft des Aufladens,

*) Die eigenen Auslagen des Unternehmers für Gespann, Auf- und Abladen sind mit 50 Pfg. angenommen, deshalb bei dem nicht transportirten Quantum vom ausbedungenen Einheitssatze abzuziehen. Unter anderen Verhältnissen ändert sich der Satz.

Transportes und Abladens und lagert das Bauholz nach Klassen, das Brennholz nach Sortimenten gesondert, den Anweisungen der Forstverwaltung gemäß auf der Ablage.

Das Aufsetzen des Brennholzes besorgt die Forstverwaltung auf ihre Kosten. Allabendlich hat der Ablageaufseher die angefahrenen Hölzer abzunehmen und eine bezügliche Notiz an seinem und des Unternehmers Auszug zu machen.

Die Beamten des Reviers werden Seitens der Forstverwaltung mit der Kontrole dieser Arbeiten beauftragt und hat sich der Unternehmer und dessen Leute in obiger und allen forstpolizeilichen Angelegenheiten deren Anweisungen zu fügen. Arbeiter, welche sich eines Forstdiebstahles, oder eines Jagdfrevels schuldig machen, sind auf Antrag der Forstverwaltung sofort aus der Arbeit zu entlassen.

8. Zur Anlage des festen Schienenstranges und der transportablen Strecken werden dem Unternehmer die öffentlichen und Holzabfuhrwege, sowie die Gestelle des Reviers zur Verfügung gestellt, jedoch hat er die Genehmigung der zuständigen Wegepolizeibehörde zu der Anlage einzuholen. Beabsichtigt der Unternehmer Locomotivbetrieb einzuführen, so hat er gleichfalls die polizeiliche Erlaubniß selbst zu erwirken.

9. Die zur Anlage des Schienengeleises erforderlichen Erdarbeiten, sowie die nothwendigen Wegübergänge stellt der Unternehmer auf seine Rechnung her, jedoch wird ihm die Ablage zur Lagerung der Hölzer vorbereitet übergeben.

10. Es wird dem Unternehmer gestattet, an geeigneten Stellen in der Königlichen Forst oder auf der Ablage, so weit dort Platz vorhanden ist, Schuppen zur Unterbringung des Materiales zu errichten. Für jeden einzelnen Schuppen ist zuvor die Genehmigung des Revierverwalters einzuholen.

11. Nach Ablauf des Vertrages hat der Unternehmer die etwa errichteten Baulichkeiten und sein Material binnen 2 Monaten zu entfernen. Die benutzten Wegestrecken sind auf Erfordern nach der Entfernung des Geleises gehörig einzuebnen und im alten Zustand wieder herzustellen.

Geschieht dieses nicht binnen der festgesetzten Zeit, so erfolgt die Ausführung auf Kosten des Unternehmers durch die Forstverwaltung.

12. Für jeden durch den Unternehmer, dessen Beamte und Arbeiter verursachten Schaden an fiskalischem Eigenthum haftet der Unternehmer. Das durch seine und seiner Arbeiter Schuld abhanden gekommene Holz hat er mit der Forsttaxe zu bezahlen.

13. Der Unternehmer ist verpflichtet, für Versicherung der beim Betriebe beschäftigten Beamten und Arbeiter gegen Betriebsunfälle auf eigene Kosten zu sorgen.

    Bei Beschädigung dritter Personen bleibt er gleichfalls regreßpflichtig.

14. Zur Sicherstellung des Fiskus (bei etwaiger Einstellung des Betriebes vor Ablauf des Vertrages) stellt der Unternehmer eine Kaution von „200 Mark" bei der Königlichen Forstkasse zu Eberswalde, welche in diesem Falle auch zur Deckung des Pachtgeldes für die Ablage dient.

15. Während des Betriebes ist der Unternehmer für jede Schädigung des fiskalischen Eigenthums mit seinem gesammten Materiale regreßpflichtig.

    Dagegen ist es ihm gestattet während der betriebsfreien Zeit sein Material zu anderen Arbeiten auch außerhalb des Reviers zu verwenden, sofern er seinen kontraktlichen Verpflichtungen bisher in vollem Umfange nachgekommen ist.

16. Die Submissionsgebote sind pro fm Bauholz und rm Brennholz, resp. Schichtnutzholz abzugeben und zwar durchschnittlich für den ganzen Komplex, ohne Berücksichtigung der Entfernungen, auf x Jahre.

17. Fiskus leistet 14 tägige Abschlagszahlungen nach dem Quantum des transportirten Holzes, bis zu $^3/_4$ der bewirkten Leistung; die Schlußzahlung erfolgt nach Abnahme durch den Revierverwalter, wobei indeß die ad § 4. erwähnten Auszüge zu Grunde gelegt werden sollen.

18. Der Unternehmer ist verpflichtet, sein Material für akademische Exkursionen als Demonstrationsobjekt unentgeltlich zur Verfügung zu stellen, jedoch nicht öfter, als innerhalb je 14 Tagen einmal auf längstens 4 Stunden.

19. Rücktritt vom Vertrage ist Fiskus nicht gestattet. Dem Unternehmer wird Rücktritt nach einjähriger Kündigung zugewilligt, doch hat er etwaige, an die Stadt für die Ablage noch zahlbare Pachtgelder zu erlegen.

20. Die Rückzahlung der Kaution und Entlassung des Materiales (aus der Regreßpflichtigkeit) erfolgt nach vollkommener Erfüllung der übernommenen Verpflichtungen.
21. Die Kosten des Vertrages trägt der Unternehmer.
22. Die Offerten sind bis zum . . . . abzugeben und werden die Submittenten innerhalb 8 Tagen nach diesem Termin benachrichtigt werden, ob Seitens der Forstverwaltung auf ihr Anerbieten reflektirt wird. Im letzteren Falle sind sie 4 Wochen an ihre Gebote gebunden.

II.

Welche technische Anforderungen sind an die Waldeisenbahnen zu stellen?

Auf Grund der bei den hiesigen Versuchen gewonnenen Erfahrungen, sowie der bei Besichtigung mehrerer an anderen Orten im Betriebe befindlicher transportabler Eisenbahnen und bei einem längeren Besuche des Eisen- und Stahlwerks zu Osnabrück gemachten Beobachtungen glauben wir nachstehende Anforderungen für Waldeisenbahnen aufstellen zu müssen, wenn dieselben zum Transport von stärkeren und schwächeren Langhölzern und Brennhölzern erfolgreich benutzt werden sollen.

Dabei beabsichtigen wir keineswegs, alle diejenigen Anforderungen, welche Seitens des forstwirthschaftlichen Betriebes an das Schienengeleis und rollende Material zu stellen sind, durch specielle Vorschriften, etwa in der Weise zu präcisiren, daß der Techniker nur das Vorgeschriebene genau auszuführen braucht und der geniale Konstrukteur überflüssig ist. Wir sind vielmehr der Ansicht, daß es das Richtigste sein wird, den Ingenieur und Fabrikanten durch Hinweisung auf die so verschiedenartigen und mannigfaltigen Terrain-, Bestandes-, Absatz- und Verkehrsverhältnisse zum Nachdenken und weiteren Schaffen anzuregen und nur diejenigen Punkte speciell zu besprechen, welche für den forstlichen Betrieb und für den Waldbesitzer in Anbetracht der dabei in Frage kommenden, nicht unbedeutenden Kapital-Anlagen von besonderer Wichtigkeit sind.

A. Geleise.

Die Frage, ob die Schiene durch Lang- oder Querschwellen zu unterstützen ist (Lang- oder Querschwellen-System) kann für transportable Waldbahnen nur zu Gunsten des Querschwellensystems beantwortet werden.

Fig. 2.

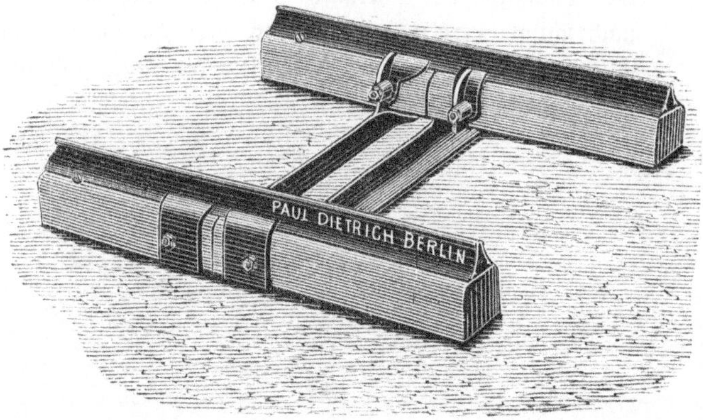

Eine Langschwelle (Fig. 2) von geringeren Stärkeverhältnissen, wie sie hier einzig und allein in Frage kommen kann, vermag ihre Aufgabe nur dann vollständig zu erfüllen, wenn dieselbe stetig ihrer ganzen Länge nach aufliegt. Dies läßt sich im waldigen Terrain fast niemals ohne Bearbeitung des Terrains, oder ohne kunstvolles Unterstopfen der Schwellen, erreichen. Daß dadurch die Kosten der Verlegung des Geleises recht erheblich werden und die Rentabilität der ganzen Anlage in Frage stellen können, ist einleuchtend.*)

Wahrscheinlich immer, jedenfalls aber nach dem heutigen Stande der Technik, wird demnach die transportable Waldbahn eine Querschwellenbahn bleiben und aus Geleisstücken oder Jochen bestehen, welche aus je zwei Schienen und einigen fest mit ihnen verbundenen Querschwellen gebildet sind.

1. Die Schiene.

Der Transport im Walde stellt an das Schienenmaterial recht bedeutende Anforderungen. Da gleichzeitig geringes Gewicht, also geringe Dimensionen verlangt werden, so muß die Schiene aus **bestem Material**, aus fehlerfreiem, vollkommen homogenem, festem, dichtem Bessemer Walz-

*) Das Langschwellensystem wird nur im festen Geleise auf planirten Wegstrecken oder auf Chausseen, sowie unter ganz besonderen Terrainverhältnissen in Erwägung zu ziehen sein.

stahl bestehen, welcher weit höhere, fast doppelt so große Biegungsansprüche zuläßt und einen bedeutend höheren Festigkeitscoëfficienten besitzt, als Schmiedeeisen. —

Was die **Form** des Profils anlangt, so ist hierbei zu unterscheiden, ob das Geleise als festes, d. h. längere Zeit liegendes Stammgeleise, oder als transportables, d. h. **häufig** zu verlegendes Geleise im Schlage, verwendet werden soll. Im letzteren Falle wird man theils wegen der hier besonders werthvollen Leichtigkeit der einzelnen Joche, welche die Anwendung von Querschwellen nur in verhältnißmäßig großen Entfernungen gestattet, theils aber auch wegen der beim schnellen Legen nicht erreichbaren gleichmäßigen Basis und dadurch bedingten außerordentlichen Inanspruchnahme der Widerstandsfähigkeit des Schienenmaterials eine ganz besondere Aufmerksamkeit schenken müssen.

Fig. 3.

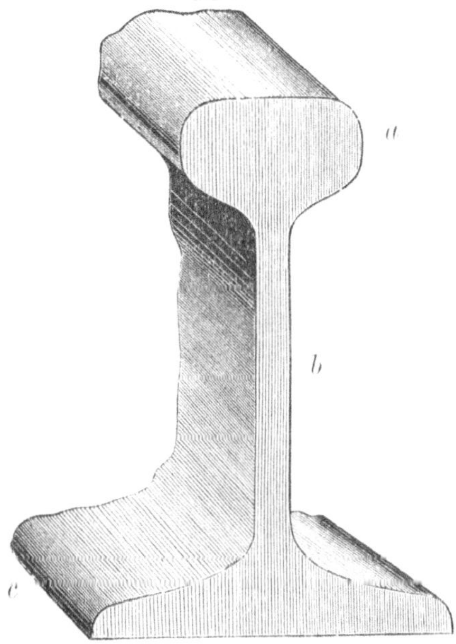

Die Verwendung der bei den deutschen Hauptbahnen eingeführten Vignolschiene (Fig. 3, a Kopf, b Steg, c Fuß) wird sich auch für die Waldbahn empfehlen; denn diese hat vermöge ihrer doppelten T Form mit flachem, breitem Fuß und rundem, dem Radprofil sich gut anschmiegendem Kopf nicht nur eine relativ große Stabilität gegen vertikalen Druck, sondern sie läßt sich auch leicht auf der Schwelle befestigen. Aus diesem und noch manchem anderen Grunde haben auch sämmtliche Fabrikanten die Vignolform der Schiene gewählt und z. B. die vom Baumeister Hoffmann vorgeschlagene dreieckige Hohlschiene (Figur 4) nicht aufgenommen. —

Fig. 4.

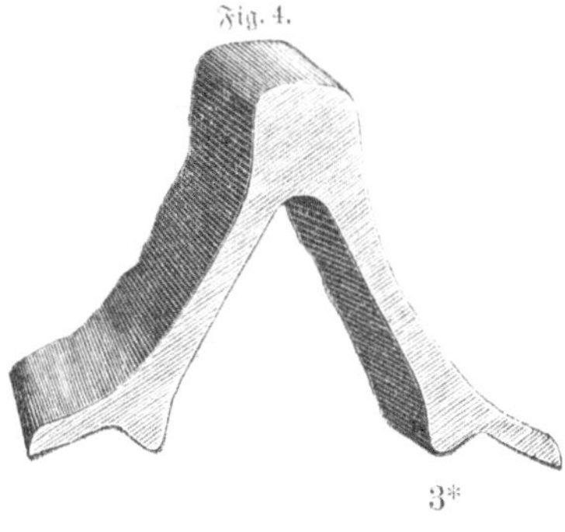

Ob die zur Zeit hauptsächlich vertretene Vignolschiene mit geradem

Steg, oder ob die in der Neuzeit von der Eisenhütte in Osnabrück vom Hüttendirektor Haarmann vorgeschlagene schräge Vignolform (Figur 5) zu bevorzugen ist, wird durch weitere praktische Versuche zu konstatiren sein. Zu Gunsten der schrägen Form wird Seitens des Hütten-Direktors Haarmann Folgendes hervorgehoben:

Fig. 5.

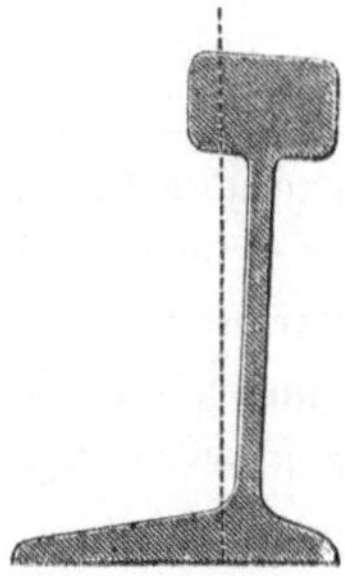

„Der Druck, welchen die Räder auf den Schienenkopf üben, ist wegen der Konicität des Radkranzes kein vertikaler, sondern ein im schiefen Winkel nach außen gerichteter, welcher sich in zwei Komponenten, in einen vertikalen und in einen horizontalen zerlegt. Beim Befahren im Geleise werden also nicht allein vertikale Kräfte von der Schiene aufgenommen, sondern es treten auch horizontale Kräfte auf, welche die Schiene seitlich auszubiegen trachten, und auf diese Weise, namentlich zwischen den Schwellen, Erweiterungen des Geleises und Krümmungen der Schiene bewirken können. Durch die schräge Vignolform soll dieses verhindert werden. Damit nun bei ihrer Befestigung auf geraden Schwellen weder ein Biegen der letzteren oder die Verwendung von Unterlagsplättchen nothwendig ist, wird der Schiene gleich beim Walzen die schräge Stellung des Steges gegen den Fuß gegeben. Die Schiene erhält außerdem noch einen unsymmetrischen Fuß, welcher nach außen hin breiter ist, wodurch sie besser gegen Umkanten geschützt werden soll."

Außer der Widerstandsfähigkeit der Schiene wird man, wie schon bemerkt, im Interesse der bequemen Verlegbarkeit ein möglichst leichtes Profil in's Auge zu fassen haben.

Bislang sind Schienenprofile von folgenden Dimensionen im Betriebe:

60—65 mm Höhe,
50 „ Fußbreite,
5 „ Stegstärke,
20—25 „ Kopfbreite

mit einem Gewichte von 6—8 kg pro m.*)

Was die Tragfähigkeit der 7 kg schweren Stahlschiene anlangt, so kann das Gewicht der beladenen Wagen betragen:

a. bei 1 m Entfernung der Schwellen (des Schienenauflagers) 2600 kg
b. „ 1½ „ „ „ „ „ „ 1400 „
c. „ 2 „ „ „ „ „ „ 1000 „

---

*) Die Preise dieser Schienen betragen pro lfd. Meter ca. 0,62 bezw. 0,72 Mark.

Die leichtere (6 kg) Schiene läßt bei diesem Schwellenabstande ein Gewicht von bezw. 2200, 1200, 750 kg zu.

Von der unsymmetrischen Vignolschiene sind drei Profile von bezw. 7,5 kg, 5,8 kg und 4 kg Gewicht pro lfd. m in Gebrauch, welche bei einer Schwellen-Entfernung von 1 m Achsbelastungen von bezw. 2400, 1800 und 1200 kg tragen.

Während beim transportablen Geleise die bequeme Verlegbarkeit in den Vordergrund tritt, kommt beim festen oder Stammgeleise die leichte und sichere Fahrt, namentlich im koupirten Terrain, wesentlich in Betracht. Man wird deshalb beim Verlegen solcher Geleise dafür sorgen müssen, daß sämmtliche Schwellen zur vollen Auflage und zum gleichmäßigen Tragen kommen, um ein leichteres Befahren der Bahn zu erzielen, was die Verwendung geringerer Zugkräfte oder die Beförderung längerer Wagenzüge durch die gleiche Kraft zuläßt. Für das leichtere Befahren ist aber auch die größere Stabilität der Schiene nützlich und bildet hier einen Ausgleich für die etwa mangelhaft gebliebene Schwellen-Unterstützung. Es wird sich deshalb unter Umständen, so bei Thalfahrten, empfehlen, für das feste Geleise ein etwas stärkeres Schienenprofil zu verwenden als im transportablen Schienenstrange.

In der Schweiz, im Züricher Stadtwalde (Sihlwald), verwendet man im festen Geleise mit einem Gefäll bis 6% und vielfachen Kurven Vignolschienen von 70 mm Höhe ·
30 mm Kopfbreite
8 mm Stegstärke
60 mm Fußbreite. —

Will man indessen in beiden Geleisen dieselben Schienen benutzen — im ebenen Terrain immerhin zulässig — so ist der Schwellenabstand im festen Geleise kleiner zu wählen, als die Entfernung der Endschwellen bei den Jochen des transportablen Geleises beträgt.

Was die **Prüfung** der Qualität und Tragfähigkeit des Schienen-Materials anlangt, so ist diese für den Laien mit Schwierigkeiten verbunden. Einigen Anhalt giebt die Beschaffenheit des Bruches, sowie der Klang beim Anschlagen mit dem Hammer, namentlich zur Unterscheidung von Flußstahl und Flußeisen vom Schmiedeeisen. Der Bruch vom ersteren ist körnig, gleichmäßig in der Textur, während der des Schmiedeeisens glatt in der Faser und glänzend sich gestaltet. Der Klang ist beim Flußstahl glockenrein, beim Schmiedeeisen dumpf.

Im Uebrigen kann sich die äußere Untersuchung auch nur auf äußere Fehler der Schiene erstrecken; hierbei ist darauf zu achten, ob die Schiene Risse zeigt, ob ihr Kopf und Fuß gleichmäßig geformt, nicht zerrissen sind, ob grobe Walzfehler — Ungleichmäßigkeiten am Kopf, Steg der Schiene — sich kennzeichnen. Am besten belehren über die Qualität des Schienen-Materials die auch von der Staatsbahnverwaltung vorgeschriebenen Zerreiß-proben, bei welchen aus dem Schienen-Kopfe herausgearbeitete Rundstäbe zerrissen und alsdann die Bruchbelastung, sowie die Querschnittsverminderung an der Zerreißstelle gemessen werden. Die von der Königlichen Eisenbahn-Direktion in Hannover in dieser Beziehung erlassenen Bestimmungen sind folgende:

Aus der Mitte des Schienenkopfes werden Versuchsstäbe von 340 mm Länge kalt herausgearbeitet, in 240 mm Länge genau cylinderisch auf einen Durchmesser von nicht unter 20 mm (thunlichst 25 mm) gedreht und auf einer Zerreißmaschine geprüft.*)

Diese Prüfungen erfolgen nach Wahl der Eisenbahnverwaltung in den eigenen Werkstätten, auf den Werken der Lieferanten oder auf einer öffentlichen Prüfungsanstalt. Die geringste absolute Festigkeit soll 50 kg pro Quadratmillimeter, die geringste zulässige Kontraktion 20% des ursprünglichen Querschnittes betragen.

Für die Bestimmung der Qualität sind beide Eigenschaften nöthig und zwar müssen die beiden gefundenen Zahlen (absolute Festigkeit und Kontraktion) addirt mindestens die Zahl 85 ergeben. Minderwerthige Schienen, bei denen also die Summe der zusammen gehörigen Festigkeits- und Zähigkeitszahlen weniger als 85 beträgt, jedoch unter Innehaltung der vorbezeichneten Minimalwerthe, können, wenn sie sonst den Vorschriften entsprechen, nach freier Vereinbarung zu einem ermäßigten Preise übernommen werden.

Die Prüfung der Tragfähigkeit der Schiene geschieht außerdem durch Schlag- und Biegeproben. Die Schienen, deren Profilflächen bei einer Höhe von 75—70—60 mm ein Widerstandsmoment von 18—15—10 mm besitzen, müssen bei freiem Auflager von 1 m zwei Schläge eines 200 kg schweren Fallgewichts aus einer Fallhöhe von 1,9—1,6—1,1 m aushalten, ohne Brüche oder sonstige Schäden zu zeigen. Dieselben dürfen weiter bei freiem Auflager von 1 m durch eine dauernde Belastung von 2250—1875—1250 kg eine Durchbiegung von höchstens 0,50 mm erfahren.

Alle Schienen müssen sich, bei einem Freilager von 1 m, sowohl über Kopf als über Fuß mindestens 50 mm durchbiegen lassen ohne Risse zu zeigen.

---

*) Mit Rücksicht auf den kleineren Querschnitt des Schienenkopfes bei Waldeisenbahnen dürfte ein cylindrischer Durchmesser von 10—15 mm genügen.

Garantie für die Güte und Gleichmäßigkeit des Schienen-Materials bietet auch die Bezugsquelle. Der Bezug von einem Werke, dessen Lieferungen und Arbeit als gut bekannt sind, giebt eine gewisse Sicherheit dafür, daß die Fabrikation im Ganzen und Einzelnen sorgfältig überwacht wird, und daß das angelieferte Material brauchbar ist und keinen groben Walzfehler zeigt.

2. Die Schwelle.

Die Schwelle des transportablen Geleises hat nicht blos die Aufgabe zu erfüllen, eine Verbindung der beiden Schienenstränge behufs Sicherung der Spur und Bildung von Jochen herzustellen, sondern sie soll eine möglichst große Tragfähigkeit besitzen und vor allen Dingen auch den vom rollenden Material (Wagen) ausgeübten Druck in möglichst günstiger Weise auf den Untergrund übertragen. Je stabiler daher die Schwelle ist, desto geringer ist die Gefahr eines Verbogenwerdens oder eines Zerspringens, desto sicherer wird die Spur erhalten und desto gleichmäßiger drückt die ganze Fläche auf den Boden. Es wird deshalb bei Wahl der Schwelle auch der bei der Schienenauswahl hervorgehobene Grundsatz zu beachten sein, daß die Querschwelle bei möglichst geringem Gewicht die größte Stabilität besitzt. Dauerhaftigkeit und Elasticität müssen außerdem auch noch vorhanden sein.

Bei Auswahl der flußeisernen Querschwelle wird man eine Schwelle aus Flacheisen unter allen Umständen vermeiden müssen, weil diese beim Befahren zahlreiche Formveränderungen (Durchbiegungen) zeigen wird; es wird vielmehr ein Profil von möglichst großem Widerstandsmomente, welches gleichzeitig eine große Auflagefläche bietet, zu wählen sein. Die für die deutschen Hauptbahnen adoptirte Trogform, oder dieser ähnliche und auch schon eingeführte Profile werden zu bevorzugen sein.

Bei Wahl der hölzernen Querschwelle wird man vor allen Dingen darauf Gewicht legen müssen, daß sie aus gutem, feinjährigem, kernigem Nadelholze und in zweckmäßigen, noch später zu erörternden Dimensionen hergestellt ist.

Von besonderer Wichtigkeit ist die Frage, ob für das transportable Geleis die **Holz-** oder **flußeiserne** Schwelle zu bevorzugen ist.

Wie beim Bau der Normaleisenbahnen die Ansichten der Techniker in dieser wichtigen Frage sehr verschieden sind, so ist dieses auch bei den Waldeisenbahnen der Fall. Anhänger der flußeisernen Querschwelle machen geltend, daß

1. die, wenn auch mit Carbolineum gestrichene Holzschwelle bei weitem nicht so gut den Einflüssen der Witterung Widerstand leistet, als die fluß-

eiserne Schwelle. Es ist dieses in der geringen Stärke — kaum 5 cm; eine größere Stärke ist der Schienenlage wegen nicht gut verwendbar, — und darin begründet, daß die Holzschwelle keine genügende Kiesbettung erhalten kann, vielmehr mit ihrer unteren Fläche eben nur auf dem Boden liegt und mit der oberen und den Seitenflächen allen Witterungseinflüssen völlig ausgesetzt ist. Sie zeigt in Folge dessen sehr bald Risse in der Längsrichtung und wirft sich auch wohl. Ein Geleise mit Holzschwellen wird deshalb viel früher schadhaft und ausbesserungsbedürftig, ist also lange nicht so **dauerhaft**, als ein solches mit flußeisernen Schwellen.

2. Die hölzernen Schwellen, selbst wenn sie in der Richtung des Geleises mittelst durchgezogener Schraubenbolzen verstärkt sind, anormale Einwirkungen, welche durch nicht sichtbare Wurzelstränge, durch Bodenerhöhungen oder Vertiefungen im Terrain, Entgleisen beladener Wagen und andere Umstände hervorgerufen werden, bei weitem nicht so gut aushalten, wie die flußeiserne Schwelle. Während die Holzschwellen in solchen Fällen meist nach der Längsfaser springen, nicht selten aber auch quer durchbrechen — wenn die Schwelle nur in der Mitte unterstützt ist — werden die flußeisernen Schwellen entweder garnicht beschädigt, oder sie erleiden eine Durchbiegung, welche an Ort und Stelle durch Zurückbiegen oder durch Hämmern wieder beseitigt werden kann. Es verliert hierbei freilich die Schwelle an Kraft, indem sie beim Gebogenwerden in etwas ihre Struktur verändert, allein dieser Verlust ist unbedeutend und fällt nicht schwer in die Wagschale.

3. Zwischen Holzschwelle und Schiene niemals eine solche rationelle Verbindung möglich ist, wie zwischen zwei „gleichartigen“ Materialien.

Das unter dem Einflusse der wechselnden Witterungsverhältnisse eintretende, unvermeidliche Anquellen und Austrocknen der Holzschwelle bewirkt eine stetige Volumenveränderung der letzteren, sodaß eine sichere Befestigung der Schiene auf der 5 cm starken Holzschwelle nicht zu erzielen sein wird. Die Bolzen und Schrauben oder Stifte und Nägel, mit denen die Schienen auf der hölzernen Schwelle befestigt sind, werden sehr leicht lose, müssen nachgezogen und durch andere ersetzt werden. Die Folge hiervon ist weiter, daß bei einer Lockerung von Schwelle und Schiene ein Verbiegen der letzteren die Regel ist, wodurch das ganze Holzschwellen-Geleise früher, als erwartet, nicht unbedeutende Reparaturen erfordern und sich weit theurer stellen wird, als das Geleise mit flußeisernen Querschwellen, zumal dann, wenn es sich um eine längere und häufig die Stelle wechselnde Benutzung der Geleis-Anlage handelt.

Vertreter der hölzernen Querschwelle sind nun der Ansicht, daß

1. dieselbe leichter, billiger, einfacher zu ersetzen ist und in Folge ihrer Elasticität einem gleichzeitig auf beiden Enden ausgeübten Druck besser Widerstand leistet, als die flußeiserne Querschwelle. Letztere biegen durch, verharren in den meisten Fällen in ihrer durchgebogenen Lage und geben in Folge dessen zu Entgleisungen leichter Veranlassung.

2. Die Verbindung von Holz mit Stahl durch Mutterschrauben besser hält, als die von Metall auf Metall, welche namentlich bei Frost sehr leicht zerspringt.

3. Das Verlegen und Aufnehmen des Geleises mit flußeisernen Schwellen weit mehr Zeitaufwand erfordert, besonders bei Frost, wo eiserne Schwellen fester am Erdboden haften.

Auf Grund genauer und gründlicher Besichtigung der hier zur Verwendung gekommenen Systeme ist zu konstatiren, daß die vorher erwähnten Mißstände der 5 cm starken hölzernen Querschwelle — Risse in der Längsrichtung, Loslösung von Holzstücken, Lockern der Stifte und Schrauben, in Folge dessen Verschieben der rechtwinkligen Lage der Schwelle zur Schiene, „Wandern" der letzteren auf der Schwelle und schwieriges Anstecken des Joches — an verschiedenen Stellen wahrgenommen worden sind. Ebenso ist aber auch bei schlecht geformten und zu schwachen flußeisernen Querschwellen ein Durchbiegen derselben eingetreten, während bei gut geformten Schwellen die angegebenen Uebelstände — Abspringen der Schrauben, baldiges Lockern derselben, sowie Durchbiegen der Schwelle und zeitraubendes Verlegen der Joche — sich nicht zeigten.

Nach den hiesigen und auch an anderen Orten angestellten Beobachtungen, glaube ich, wird sehr bald durch Rentabilitätsrechnungen festzustellen sein, daß die Anschaffungs- und Unterhaltungskosten des Geleises mit flußeisernen Querschwellen gegenüber dem Holzschwellengeleise sich bedeutend günstiger gestalten werden, zumal wenn man hierbei in Erwägung zieht, daß der Preis der flußeisernen Querschwelle auf 40—65 Pfg. und der einer **guten** Holzschwelle auf mindestens 30 Pfg. und mit den dazu gehörigen zwei Schraubenbolzen sich auch auf 40—50 Pfg. stellt und die Dauer nach den Angaben der Technik für die flußeiserne Querschwelle etwa 12 Jahre und für die Holzschwelle 6 Jahre beträgt. Berücksichtigt man weiter noch, daß die Eisenschwelle als altes oder gebrochenes Material noch einen Werth von mindestens $^1/_5$—$^1/_6$ der Anschaffungskosten repräsentirt, während die Holzschwellen nach dem Verschleiß werthlos sind und innerhalb ihrer 6 jährigen Dauer weit erheblichere Unterhaltungskosten, als die flußeisernen Schwellen erheischen, so wird zweifellos die Rentabilitätsberechnung zu Gunsten des stählernen Geleises ausfallen. Wir meinen daher, falls nicht andere Gründe, besonders solche wirthschaftlicher Art, für die Verwendung der hölzernen Schwelle sprechen, daß beim Transport im Schlage oder in Oertlichkeiten, wo es sich um eine längere, **häufig** die Stelle wechselnde Benutzung und um mangelnde Unterbettung der Geleis-Anlage handelt, die flußeiserne Schwelle zu bevorzugen, während der Holzschwelle in stärkeren Dimensionen und bei günstiger Bettung für das längere Zeit auf ein und derselben Stelle zu benutzende **Stammgeleise** der Platz einzuräumen sein dürfte, zumal wenn der Waldbesitzer dieses leicht herzustellende, lange Zeit zu verwerthende Geleise auf seine Kosten anlegt oder das Holzmaterial dem Fabrikanten zur Verfügung stellen kann.

Immerhin dürfte es aber empfehlenswerth sein, durch wohl geleitete, längere Zeit währende Versuche, die Lösung der wichtigen Eisenbahn-Oberbaufrage — ob hölzerne oder flußeiserne Querschwellen zu wählen — zu fördern. Zu dem Zwecke sind unter den verschiedenartigsten Terrain-Verhältnissen — im ebenen, steilen, trocknen und feuchten Terrain — Versuchsstrecken in genügender Ausdehnung anzulegen und jede dergestalt zu überwachen und zu beurtheilen, daß hierbei die Eliminirung der Vorliebe für das eine oder andere System — von der sich nur wenige Eisenbahn-Techniker ganz frei halten können — gesichert erscheint.

Was die Dimensionen der Schwelle im transportablen Geleise anlangt, so ist einleuchtend, daß die Größe der Gesammtauflagefläche sich wesentlich nach der vorliegenden Bodenbeschaffenheit richten muß; ein morastiger oder auch nur weicher, aber durchnäßter Boden erfordert eine breitere Schwelle, als ein trockener oder fester Boden. Zu beachten ist weiter, daß die Länge der Schwelle richtig bemessen wird. Es ist zu vermeiden, die Schwelle seitlich kaum über die Schiene vorstehen zu lassen, weil bei solch kurzen Schwellen die Beanspruchung auf Biegung außerordentlich groß ist. Ein über die Schiene überstehendes Ende von $1/5$ bis $1/4$ der Spurweite sichert der Schwelle die geringste Inanspruchnahme.

Nach den hiesigen Beobachtungen dürfte für die flußeiserne Schwelle eine Breite von 80—125 mm, eine Stärke von 4—5 mm und eine Länge von 800 bis 900 mm mit einem Gewichte von 3,5 bis 4 kg pro Schwelle bei einer Spurweite von 600 mm ausreichend sein; für die Holzschwelle eine Breite von 150—200 mm, eine Stärke von 50—80 mm und die Länge von 900—1000 mm mit einem Gewichte von 3 bis 3,5 kg genügen.

Im **festen** Geleise scheint für die Holzschwelle eine Breite von 150—

200 mm, eine Länge von 1000 mm und eine Stärke von 100—150 mm praktisch zu sein. —

Für die Beurtheilung der **Qualität** der flußeisernen Querschwelle sind die für das Schienen-Material angegebenen Gesichtspunkte maßgebend. Im Speciellen geschieht die Prüfung des Materials im kalten Zustande durch Biegen und Zerreißen. Bei den Zerreißungsversuchen müssen, dem Querschnitte der Schwelle entsprechend, Stäbe mit rechteckigem Querschnitte benutzt werden. Nach den Bestimmungen der Eisenbahn-Direktion in Hannover muß die absolute Festigkeit des Materials mindestens 45 kg pro qmm bei einem Zähigkeitsmaße von 30% (Bruchquerschnitt in Prozenten des ursprünglichen Querschnitts) betragen.

Bei der hölzernen Querschwelle ist die Farbe der Holzfaser, Bau der Jahrringe, Kern, Aestigkeit zc. genau in Augenschein zu nehmen.

3. Verbindung der Schiene mit der Schwelle.

Der soliden Verbindung zwischen Schiene und Schwelle ist eine ganz besondere Aufmerksamkeit zu schenken. Als oberster Grundsatz ist hierbei zu beachten, daß durch die Befestigung eine möglichst geringe Schwächung der Schiene und Schwelle eintritt und die Schiene gegen **Längenverschiebung**, gegen **Seiten-** und **Vertikalbewegung** hinreichend gesichert ist.

Bei mangelhaften Verbindungen zwischen Schiene und Schwelle bilden die einzelnen Joche leicht verschiebbare Parallelogramme und werden deshalb im Gebrauch sehr bald lose.*)

Bezüglich der Verbindungsweise der Schienen mit den Schwellen unterscheiden sich die Systeme der Fabrikanten vielfach von einander, wie die Figuren 7—22 veranschaulichen. Hervorzuheben sind hier aber noch diejenigen Punkte, welche späterhin beim Betriebe mit den Waldeisenbahnen einer spezielleren Prüfung zu unterziehen sein möchten.

Ob die Befestigung mittelst Schrauben und Klemmplättchen, oder durch Nieten den Vorzug verdient, darüber sind die Ansichten in der Technik noch getheilt. Als Nachtheil der Nietenverbindung macht man geltend, daß die Nieten bei Frostwetter leicht abspringen, daß die beim Nieten dem Bolzen gegebene innere Spannung in sofern mißlich ist, als durch unvorhergesehene große Ansprüche der Nietbolzen weit eher sich abtrennen soll, als der Schraubenbolzen und daß endlich eine gesprungene Schraube viel

---

*) Durch festes Aufstoßen der Stoßschwelle des Joches auf hartem Boden ist leicht zu konstatiren, ob der Verband ein genügender ist.

leichter durch eine Reserveschraube zu ersetzen ist, als die Niete. Anhänger der Nietenverbindungen heben dagegen hervor, daß bei Verwendung von gutem Nieteisen diese Nachtheile nicht eintreten, daß die Befestigung eine vollständig genügende und auch preiswürdigere ist, als die durch Schrauben, welche durch Einrosten, durch Lösen der Schraubenmutter ꝛc. öfter Reparaturen erheische als die Niete. Bei den hiesigen Versuchen konnte darüber kein endgültiges Urtheil gewonnen werden. —

Was die Schienenbefestigung auf Holzschwellen (Hakennägel, Schraubennägel, Klammern, Stifte ꝛc.) anbelangt, so möge die Bemerkung hier genügen, daß die Befestigung durch Stifte nicht empfehlenswerth, sondern die durch in den Fuß der Schiene eingelassene Schraubenbolzen auf Langplatten und Stahlgußunterlage zu bevorzugen ist. Im Uebrigen pflegen sich diese Befestigungen um so weniger dauerhaft zu zeigen, je geringer die Dimensionen der Schwelle sind; durch ein häufiges Umnageln und Nachtreiben der Nägel z. B. wird weiter die Schwelle rasch verderben. Andererseits läßt sich nicht leugnen, daß diese Befestigungen noch weniger Werkzeug und handwerksmäßige Geschicklichkeit erheischen, als die Befestigung bei Eisen- und Stahlschwelle. —

Bei Besprechung des zweckmäßigsten Befestigungsart der Schienen auf der Schwelle möge zugleich noch die wichtige Frage Erörterung finden, in **welchem Abstande die beiden Schienen von einander** mit der Schwelle verbunden werden sollen, d. h. welche **Spurweite** für die Waldeisenbahnen zu wählen ist.

Im Allgemeinen hat sich die Spurweite nach der Größe der zu bewegenden Last und nach der Höhe des Schwerpunktes der letzteren zu richten. Liegt der Schwerpunkt der Last sehr hoch, so wird die Gefahr des Umfallens der Wagen namentlich in den Kurven vergrößert. Diese Gefahr nimmt aber auch mit der Größe der Last zu, denn einer größeren Masse wohnt auch ein größeres Beharrungsvermögen inne und dieses ist es, in Verbindung mit der Centrifugalkraft, welches bei schnellem Fahren durch Kurven die Wagen zum Umkippen bringt. Zu kleine Spuren haben die erwähnten Nachtheile der Unsicherheit des Fahrens; zu große Spuren beinträchtigen dahingegen ungemein die Beweglichkeit des Geleises, vermehren die Reibung beim Fahren in den Kurven, unterliegen einer größeren Abnutzung, erhöhen weiter das Gewicht des Joches und des Wagens und erheischen endlich höhere Anschaffungskosten.

Nach den hier angestellten Beobachtungen dürfte die Spurweite von 600 mm als richtige Mitte für den Transport unserer Nadelhölzer und der meisten Laubhölzer zu bezeichnen sein. Denn auf der mit den verschiedenen Systemen von 600 mm Spurweite gelegten Schienenstrecke — fester Schienenstrang sowohl, als transportabler — ist die Fortschaffung von Kiefernstämmen von 22 m Länge, 57—60 cm Mittendurchmesser, bis 90 cm Durchmesser am Stammende, mit völliger Sicherheit vorgenommen worden. Für den Transport der am meisten im Walde vertretenen Holzarten dürfte daher die als äußerst praktisch erwiesene Spurweite von 600 mm auch für die Zukunft die Regel bilden, eine größere Spurweite zu den Ausnahmen gehören und nur dann in Erwägung zu ziehen sein, wenn es sich beispielsweise um den Transport von viel stärkeren als in obigen Dimensionen ausgedrückten Hölzern (Eichen) mit vielfach gekrümmten Stammformen oder um die Fortschaffung beladener Landwagen auf dem Schienengeleise handelt.

Der Schwellenabstand von 2 m für das transportable Geleise ist nach den beim Abladen auf den Holzlagerplätzen, sowie beim Aufladen im Schlage angestellten Versuchen nicht in erster Linie empfehlenswerth, weil hierbei die Schiene zu stark in Anspruch genommen, gegen Lockern auf der Schwelle, gegen Verbiegen nicht hinreichend gesichert wird und Spurerweiterungen nicht ausgeschlossen sind. Ueberdies stellt sich die Herstellung des Schienenjoches im Preise auch höher, weil wegen des weiten Schwellenabstandes eine stärkere und theuerere Schiene genommen werden muß.

Die Verwendung einer leichten Schwelle in der Mitte eines über 1,5 m langen Joches dürfte deshalb zweckmäßiger sein. Der Einwand, daß dadurch die Handhabung des Joches im Betriebe sehr beeinträchtigt, daß durch das Nichtaufliegen der Mittelschwelle die Fahrt auf einem solchen Geleise in Frage gestellt wird, ist nach den Versuchen und Beobachtungen in der Praxis nicht berechtigt.

Bei Benutzung eines solchen Joches steht der Arbeiter beim Tragen desselben im hintersten Fache des Joches, stützt die Mittelschwelle gegen den Leib und faßt mit vorgestrecktem Arm die Schiene. So trägt er das Joch nicht nur bequem, sondern es vollzieht sich auch das Niedersenken desselben in sehr natürlicher Weise. Ebenso ist auch das Bedenken wegen des Nichtaufliegens der Mittelschwelle nicht von Belang, sobald das Joch überhaupt konstruktiv und im Material gut ist. Das Heben und Steigen eines Joches kann bei ungünstiger Auflage auch bei Jochen ohne Mittelschwelle vorkommen; es läßt sich aber die Lage eines jeden transportablen Geleises sehr leicht durch äußerst primitive Mittel berichtigen. Dabei hat die Mittelschwelle eine sehr wichtige Funktion für die Erhaltung der Festigkeit des Joches und der Spur, während die Joche mit nur zwei Endschwellen leichter Verbiegungen erleiden. Bei letzteren ist weiter die Anwendung des einflantschigen Rades ausgeschlossen. Zugestanden muß aber werden, da das Verlegen der Geleisstücke schneller zu bewerkstelligen ist, weil das Joch mit nur zwei Schwellen sich leichter dem Terrain anschmiegt; allein dieser Vortheil fällt gegenüber den soeben erwähnten, sehr beachtenswerthen Vorzügen der Mittelschwelle nicht so schwer in die Wagschale, um auf diese verzichten zu sollen.

Anstatt der End- und Verbindungsschwelle eiserne Spurstangen (Fig. 6) verwenden zu wollen, ist aus mehrfachen Gründen für den Transport im Walde fehlerhaft und daher zu vermeiden. Denn die eiserne Spur-

Fig. 6.

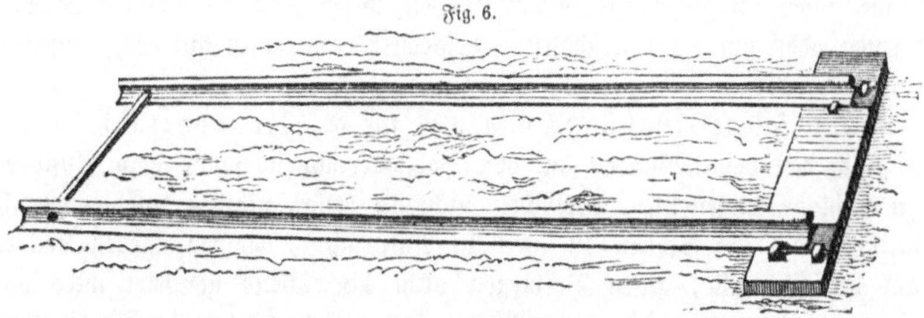

stange, welche beim Transporte und im Betriebe leicht verbogen wird und sich auch wohl loslöst, hält bei weitem nicht so die Spur, wie eine stabile Schwelle, welche außerdem auch noch die Auflagefläche des Joches vergrößert und das Gehen innerhalb des Geleises nicht verhindert. —

Für das feste Geleise (Stammgeleise) dürfte ein Schwellenabstand von 0,80 bis 1,0 m ins Auge zu fassen sein.

4. Das Joch (Geleisstücke, Rahmen).

Was die **Länge** des Joches anlangt, so wird diese durch das zulässige Gewicht des letzteren begrenzt, welches für den **Betrieb im Schlage** nicht größer sein sollte, als daß ein Arbeiter das Joch zu tragen und zu verlegen vermag. Nach angestellten Versuchen kann bei anhaltendem Verlegen einer Bahn ein Arbeiter je nach seiner Körperkraft nicht wohl mehr als 35 bis 45 kg aufnehmen und seitlich wieder verlegen. Als Durchschnittsgewicht des Joches dürfte daher 40 kg zulässig sein.

Beim Transporte der Hölzer im Schlage findet nun ein anhaltendes Hin- und Herlegen des Joches kaum statt; das Verlegen kleiner Strecken geschieht vielmehr stets mit Unterbrechungen von Baumstamm zu Baumstamm fortschreitend. Unter diesen Umständen dürfte das Gewicht des Joches vielleicht bis zu 45 kg zu steigern berechtigt sein, ohne dem einzelnen Arbeiter zuviel zuzumuthen.

Hiernach wird für das **transportable** Geleis im Schlage die bislang bei den verschiedenen Systemen am meisten übliche Joch-Länge von 2 m wohl die Regel bilden und die Länge von 3 m bei schwächerem Schwellen- oder Schienenmateriale und engerem Schwellenabstande noch statthaft sein.

Im **festen** Geleise wird man vortheilhafter Weise recht lange Joche zu verwenden suchen, um die zahlreichen Stöße zu vermeiden, welche erfahrungsmäßig das leichte Fahren sehr erschweren. Hier scheinen Längen von 5 bis 6 m in sofern am Platze zu sein, als das Verlegen nicht mit derselben Leichtigkeit wie im Schlage zu geschehen braucht, das größere Gewicht nicht so in Betracht kommt und für Krümmungen Kurvenstücke sich als nothwendig herausstellen werden.

In der Praxis bewährt sich das 5metrige Joch mit einem Gewicht von ca. 80 kg, welches zum Transporte bezw. zur Verlegung das Zusammenwirken zweier mittelkräftiger Männer erfordert.

Die **Form** des Joches ist aus den Figuren 7 bis 13 ersichtlich.

Fig. 7.

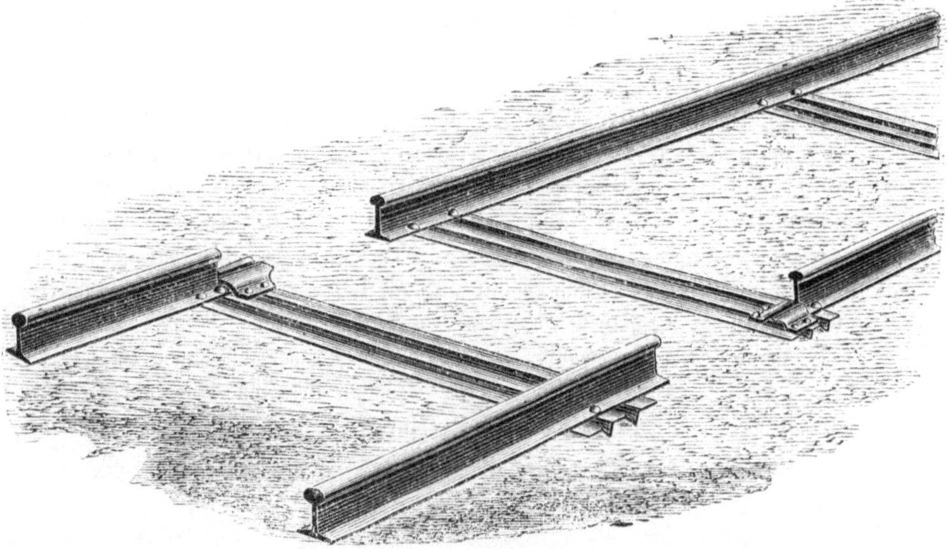

Fig. 8.

Fig. 9.

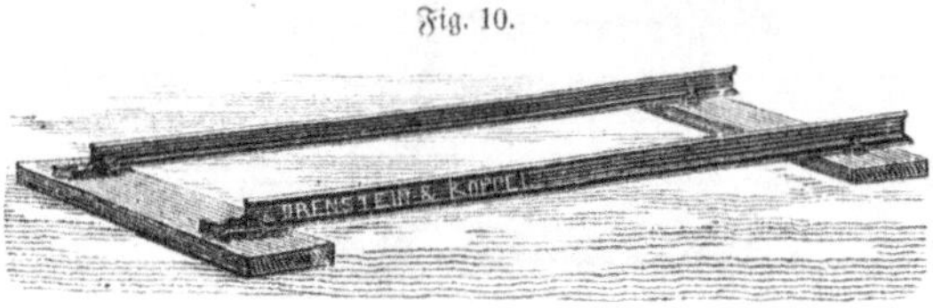

Fig. 10.

Fig. 11.

Fig. 12.

Fig. 13.

Außer dem bis dahin am häufigsten vorkommenden Rechtecksjoch wird vom Eisen- und Stahlwerk zu Osnabrück auch das Trapezjoch empfohlen. Dasselbe soll in einem Terrain, und besonders in **Schlägen**, in welchen man mit dem Geleise oft nach rechts und links auszuweichen hat, bessere Dienste thun, als das Rechtecksjoch. Größere Versuche im Walde werden erst in diesem Winter mit demselben angestellt. —

Von besonderer Wichtigkeit für die Beurtheilung von transportablen Waldeisenbahnen ist ferner die Verbindung zwischen den einzelnen Jochen, die

Stoßverbindung. (Fig. 14—21.)

Hierbei hat man zu unterscheiden das Stamm- und transportable Geleise und die Terrainverhältnisse.

Fig. 14.

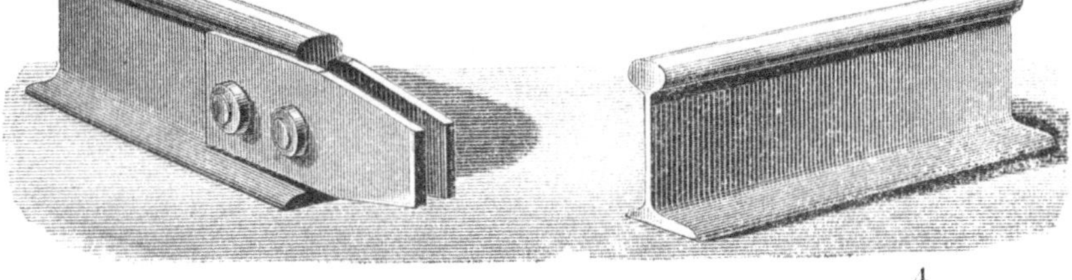

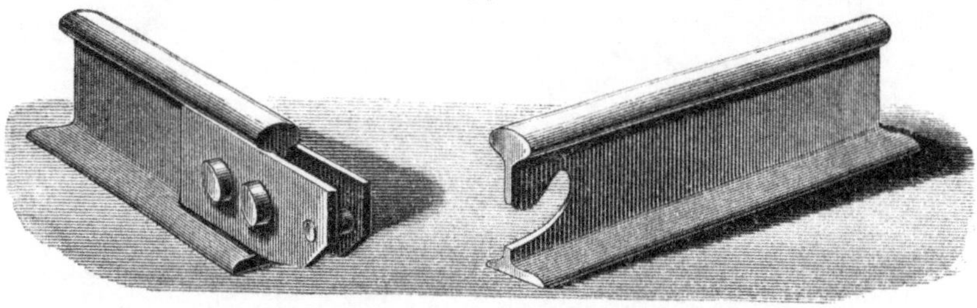

Fig. 15.

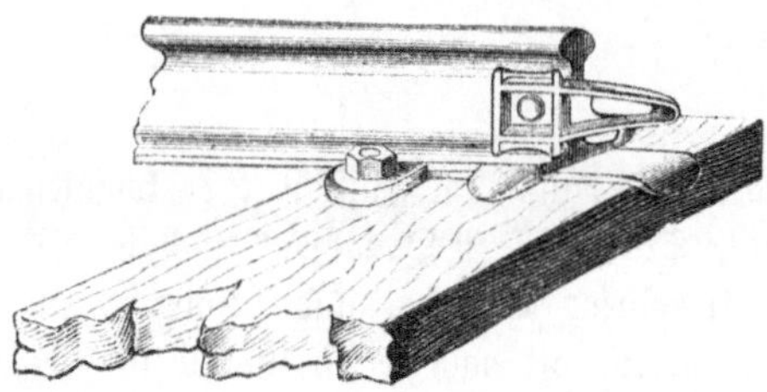

Fig. 16.

Fig. 17.

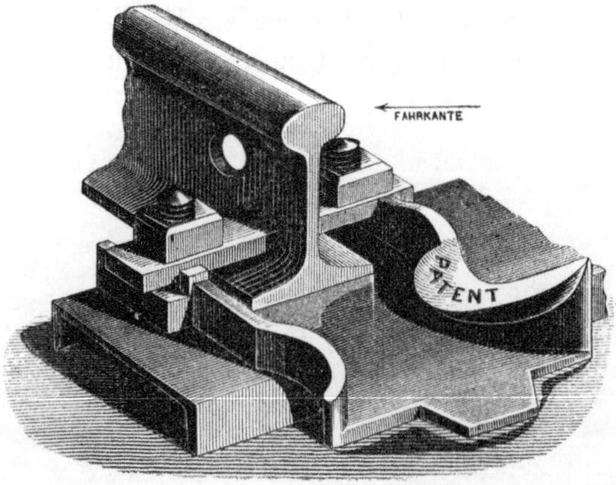

Fig. 18.

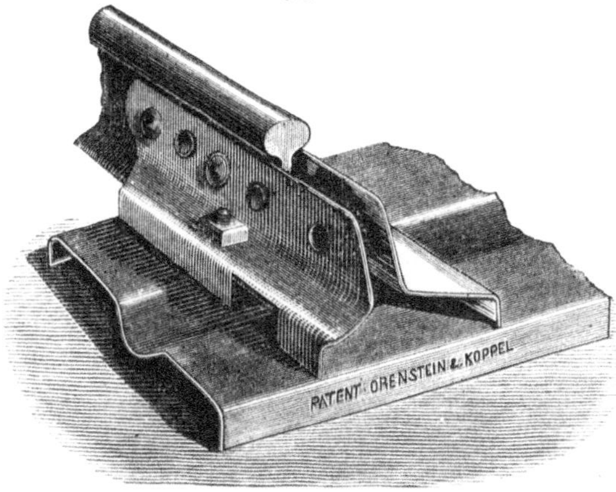

Fig. 19.

Fig. 20.

Fig. 21.

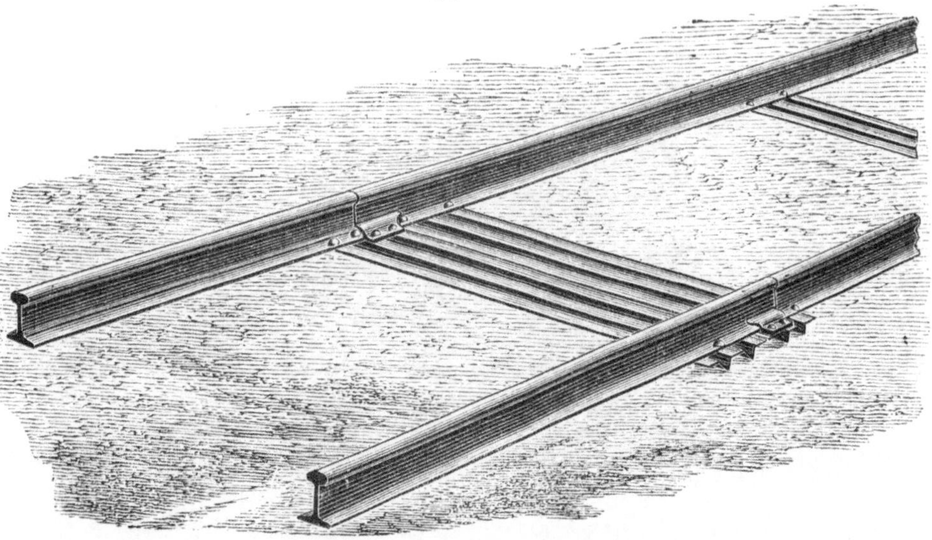

Während im Stammgeleise rationeller Weise eine solche Jochverbindung zu wählen ist, daß beim Befahren des Geleises die Schienenenden gut aneinander stoßen und ein Auseinandergehen der Joche in der Längs- und Querrichtung nicht erfolgen kann — am besten sichere Verlaschung an den Stößen —, kann man sich beim transportablen Geleise im Schlage, wo die Geschwindigkeit beim Aufnehmen und Wiederverlegen der Joche von Bedeutung ist, sowie im ebenen und wellenförmigen Terrain mit einer Stoßverbindung begnügen, welche der Beweglichkeit der Joche keinen Eintrag thut und nur die aneinanderstoßenden Enden zweier Joche gegen eine Verschiebung und ein sofortiges Auseinandergehen in der Längs- und Querrichtung genügend sichert. Dabei muß aber die Verbindung eine derartige sein, daß die inneren Fahrkanten stets möglichst genau aneinander stoßen und das Einschieben des folgenden Joches vom Arbeiter bequem, leicht und sicher erfolgen kann, wobei besonders darauf zu achten ist, daß nicht etwa erdige oder Holztheile in der Stoßverbindung sich festklemmen können. Sie muß weiter auch eine genügende Verschiebung des Joches in der Querrichtung gestatten, um Kurven im Schlage ohne Anwendung von Kurvenstücken konstruiren zu können.

Unter den erwähnten Terrainverhältnissen bedarf im Schlage die Stoßverbindung keiner Sicherung gegen das Auseinandergehen der Joche in der „Längsrichtung", welches erfahrungsmäßig hier nur äußerst selten erfolgt. Immerhin würde eine Verbindung, welche ein ebenso schnelles Aufnehmen und Verlegen gestattet und solche Sicherung in sich schlösse, vor jener den Vorzug verdienen. In sehr coupirtem Terrain, sowie in denjenigen Fällen, in welchen das transportable Joch längere Zeit auf ein und derselben Stelle benutzt werden muß, sollte sie indeß niemals fehlen. Eine solche Vorrichtung würde z. B. den Arbeitern auch die Möglichkeit geben, wenn sie ein Geleise einige Meter seitlich verlegen wollen, sich in einer Reihe in das Geleis hineinzustellen und es so auf einmal oder doch in größeren zusammenhängenden Stücken hochzuheben und wegzutragen, ohne daß die einzelnen Joche auseinander gehen können.

Die Stoßverbindung kann sowohl als feste oder ruhende, d. h. auf

Fig. 22.

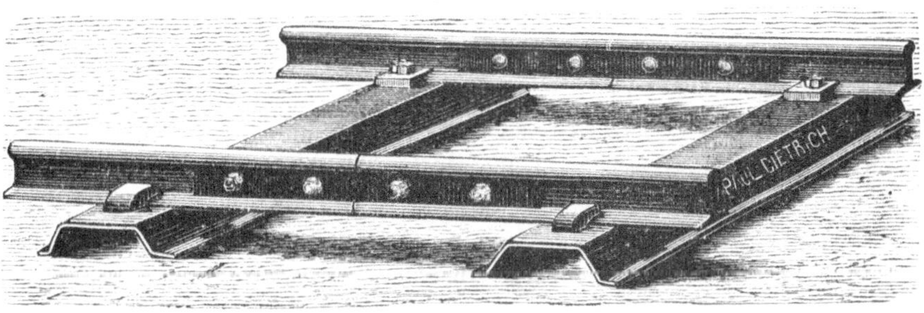

Schwellen lagernde, (Fig. 20, 21) oder als schwebende (Fig. 22.), d. h. zwischen zwei Schwellen, angeordnet werden.

Beide Einrichtungen sind bei den transportablen Jochen vertreten; welche von ihnen zu bevorzugen ist, darüber sind die Ansichten getheilt.

Bei den Hauptbahnen mit Querschwellen-System hat man den schwebenden Stoß deshalb begünstigt und vorgeschrieben, weil ein leichterer Uebergang über die Stoßschwellen stattfindet und daher eine geringere Inanspruchnahme und Abnutzung von Zugkräften, rollendem Materiale und Geleise wahrzunehmen ist.

Für das Stammgeleise im Walde mit starkem Profil und geringem Schwellenabstande wird die Einführung des schwebenden Stoßes aus den vorhin angegebenen Gründen wohl die Regel bilden.

Ob für das transportable Geleis mit kleinem und niedrigem Schienenprofil dem schwebenden Stoß der Vorzug einzuräumen ist, darüber wird erst nach umfangreichen Versuchen in der Praxis ein endgiltiges Urtheil abgegeben werden können.

Anhänger des festen Stoßes machen die vortreffliche Unterlage desselben, die sichere und feste Lage des Geleises geltend und weisen darauf hin, daß kräftige Laschen am niedrigen Schienenprofil schwer anzubringen sind und nicht viel zu tragen vermögen, daß sehr leicht ein Heben und Steigen des Geleises beim Befahren eintritt und die Abnutzung der Schienenenden am Stoße eine größere sein wird. —

Mit der Stoßverbindung im Zusammenhange steht die Frage, ob die Verbindungsstücke (Schuhe, Laschen) zur Aufnahme anstoßender Schienenenden nur an dem einen Jochende anzubringen sind — „parallele Armirung", Figur 10—13 — oder an jedem Jochende an zwei diagonal gegenüberliegenden Schienenenden sich befinden sollen — „diagonale Armirung", Figur 8 und 9.

Die letztere Verbindungsweise — die Armirung diagonaler Enden — läßt die Verlegung des Joches von beiden Seiten zu. Dies ist für gerade, sowie für Kurvenjoche von Bedeutung. Im geraden Schienenstrang braucht der verlegende Arbeiter ein Joch nie zu drehen, es paßt immer, d. h. so wie der Arbeiter es gerade gefaßt hat, an das schon liegende Joch. Dies ist bei der parallelen Armirung nicht der Fall. So kann bei den in den Figuren 10—15 veranschaulichten Jochen jedes Joch nur nach einer Richtung, nicht auch nach der anderen sofort verwendet werden. Unerwähnt darf weiter nicht bleiben, daß beim Transporte dieser Joche auf Wagen stets Stoßschwelle auf Stoßschwelle und Endschwelle auf Endschwelle zu legen sind, damit beim Verlegen die Joche nicht umgeschichtet werden müssen.

Im Kurvengeleise ist bei diagonaler Armirung jedes Kurvenjoch zum Ausbiegen sowohl nach links wie nach rechts verwendbar; bei paralleler Armirung ist dagegen ein Kurvenjoch entweder Links- oder Rechtskurve. Diese Vortheile der diagonalen Armirung dürften immerhin beachtenswerth sein.

Der einzige Vortheil der parallelen Armirung liegt darin, daß dieselbe nur eine Stoßschwelle am Ende nothwendig macht. Dieser Vortheil ist aber rein imaginär, denn eine Querverbindung ist auch an dem anstoßenden Jochende erforderlich, um die Spur zu sichern, wofür, wie vorhin erörtert, beim Betriebe im Walde am besten eine Schwelle verwendet wird. Hat man aber doch einmal zwei Schwellen am Stoß nöthig, so macht man besser beide gleich breit und wählt die diagonale Armirung mit ihren Vortheilen. Wird hierbei nun beabsichtigt, den auf Schwellen ruhenden festen Stoß beizubehalten, so ist die Konstruktion in der Weise auszuführen, wie es beim Joche in Figur 9 geschehen. Hier ragt auf der einen Seite der Schwelle das Schienenende um ca. 12 mm über die Schwellenkante heraus, während dasselbe auf dem anderen Ende der Schwelle um ebensoviel zurücksteht („versetzter Stoß"). Auf letzterem sind die Laschen befestigt.

Die Preise der Joche betragen:

a. für das 2 m lange Joch mit zwei Endschwellen (Holzschwelle) 7— 8 M.

b. „ „ 2 „ „ „ „ drei flußeisernen Schwellen . 5,5— 7 „

c. „ „ 3 „ „ „ „ „ Schwellen . . . . . 9—11 „

d. „ „ 5 „ „ „ „ flußeisernen Schwellen . . . 12—13 „

Kurvenjoche werden im *transportablen* Geleise im Schlage nur *ausnahmsweise* in Anwendung kommen, weil mit den geraden Jochen Kurven mit passendem Radius sich leicht und genügend konstruiren lassen. Jene werden im forstwirthschaftlichen Betriebe vorzugsweise im festen Geleise, sowie bei Herstellung von Ausweichgeleisen, bei Einführung von Nebengeleisen in Hauptgeleise, bei Abladeplätzen ꝛc. benutzt werden. Ihr mittlerer Radius ist bei den Systemen ein verschiedener. Kurvenradien von 5, 10, 12 und mehr m sind im Betriebe wahrzunehmen.

Von einigen Fabrikanten, so vom Eisen- und Stahlwerk in Osnabrück ist nach Feststellung der Kurvenjochlänge der Radius so gewählt, daß eine runde Zahl der Kurvenjoche zur Herstellung eines Winkels von 45°, 90°, 180° erforderlich ist. Bei einem Kurvenjoch von 2 m Länge bilden 2 Kurvenstücke einen Winkel von 45°, 4 Stücke einen Viertelkreis und 8 Kurvenstücke einen Halbkreis. Auf diese Weise soll dem Arbeiter eine Erleichterung in der Benutzung der Kurvenstücke verschafft werden

Die bei den Waldeisenbahnen in Anwendung kommenden *Weichen* sind aus den Figuren 23—25 ersichtlich.

Fig. 23.

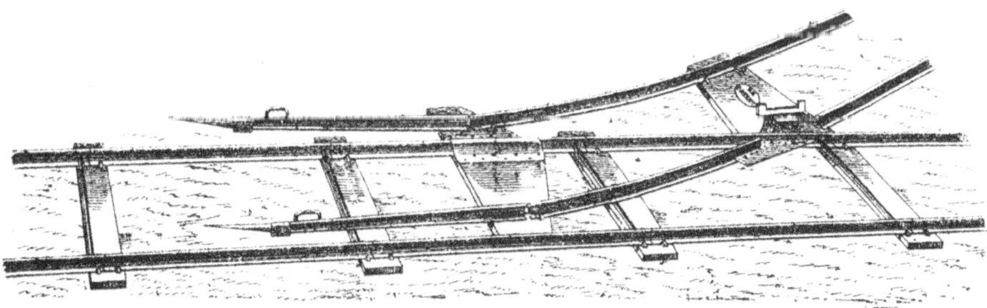

Fig. 24.

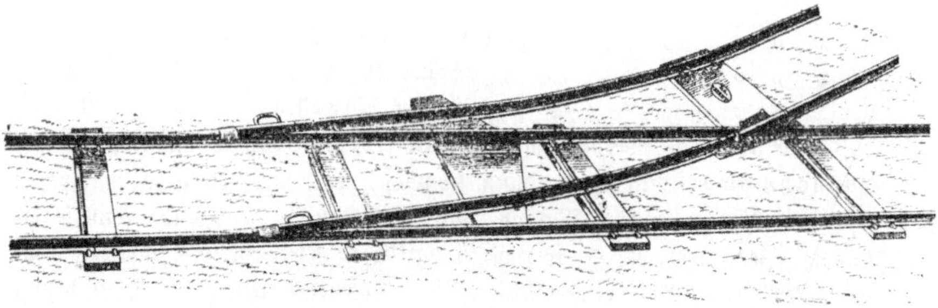

Fig. 25.

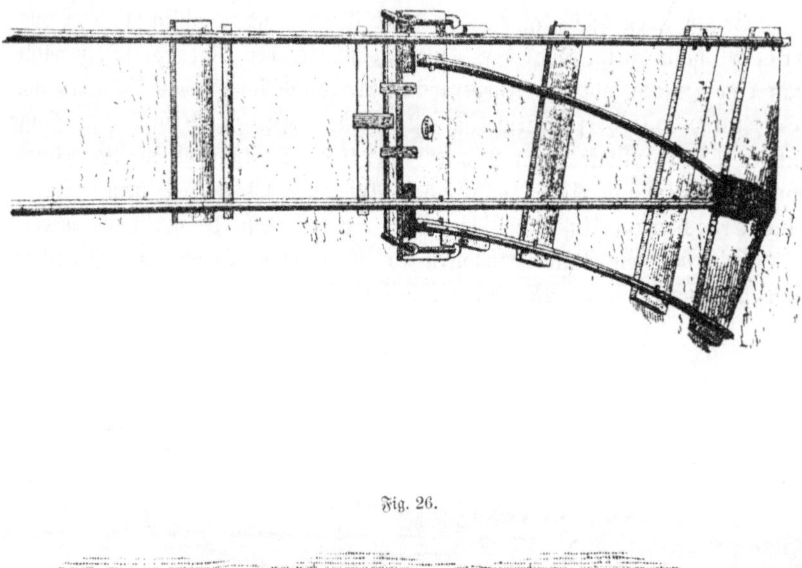

Fig. 26.

Im praktischen Betriebe und zwar für den eigentlichen transportablen Schienenstrang im Schlage bewähren sich außerordentlich die in den Figuren 23 und 24 auch dargestellten „Kletterweichen", welche, bei 50 kg Gewicht, an jeder Stelle des Schienenstranges durch einfaches Auflegen auf das Geleise sich benutzen lassen. — Für länger liegen bleibende Schienenstränge ist die Verwendung von Schleppweichen — Figur 23, 24, welche in der Höhe des gewöhnlichen Geleises verlaufen, zu bevorzugen.

Bei Konstruktion derselben ist aber zu beachten, daß die Weiche eine solche Länge erhält, daß das Herausnehmen einer bestimmten Anzahl Geleisjoche aus dem gelegten Geleise genügt, um die Weiche genau in die Lücke einzupassen. Anschluß- oder Paßstücke sind thunlichst zu vermeiden.

Die Länge der Schleppweichen beträgt in der Regel 4 m mit einem Gewichte von ca. 140 kg. Sehr beliebt im praktischen Betriebe ist die selbstthätige Weiche von Dolberg, welche in Figur 25 dargestellt ist. Figur 26 veranschaulicht eine Schienenbrücke, welche die Ueberbrückung entstehender Lücken im Geleise bewerkstelligt. Sie wird auch benutzt, wenn sich zwei Schienengeleise kreuzen müssen.

Die Preise der Kurven und Weichen stellen sich:

a.	für Kletterweiche	30—45 M.
b.	für Schleppweiche	60—95 „
c.	für Kurven pro m	3,5— 5 „

B. Rollendes Material.
(Wagen.)

Die bei der Konstruktion des Geleises hervorgehobene Hauptforderung **„stark und leicht"** ist auch bei Herstellung der Wagen für die Waldeisenbahnen sehr beachtenswerth.

Die Forderung unbedingtester Zuverlässigkeit in Bezug auf die Haltbarkeit der Wagen zum Nutzholz-Transport ist schon deshalb zu stellen, weil ein Brechen oder Nachgeben einzelner Theile des Wagens stets Menschenleben gefährden kann; denn im Schlage wird jeder verladene Stamm von Arbeitern begleitet, welche ihn bis zum Hauptgeleise schieben und im coupirten Terrain sehr oft gezwungen sind, neben dem Stamm auf dem Wagenuntergestell stehend und die Bremsvorrichtung führend, die an sich schon nicht ungefährliche Fahrt mitmachen zu müssen.

Erwägt man weiter die leichte Konstruktion der Geleise, die verhältnißmäßig kurzen Theile derselben, deren lockere Verbindung, die mannigfachen Abweichungen in der Längsrichtung der Geleise 2c., so wird man die Nothwendigkeit anerkennen, daß die allersorgfältigste Bemessung sämmtlicher Dimensionen und Konstruktions-Verhältnisse der Wagen unerläßlich ist.

1. Achsen und Räder.

Wie beim Schienenmaterial kein Zweifel darüber besteht, den besten Stahl hierzu zu verwenden, so ist auch für die Achsen aus denselben Gründen und um das Gewicht derselben zu verringern, die vorzüglichste Qualität des Bessemer Stahles auszuwählen. Damit die Räder nicht zu schnell verschleißen (sich abnutzen), ist eine große Härte des Materials erforderlich. Es ist deshalb Hartguß oder Stahlguß, am besten ein weicher Tiegelgußstahl zu verwenden.*)

Die Länge und Stärke der Achsen ist durch die Spurweite und durch die vorgeschriebene Maximallast bestimmt. Legt man bei den Waldeisenbahnen eine Spurweite von 600 mm zu Grunde und eine Maximallast von 3000 kg, so ist ein Durchmesser der Achse von 45 mm und ein Schenkeldurchmesser von 30 mm nach den Erfahrungen der Praxis als angemessen zu bezeichnen.

Bezüglich der Dimensionen der Räder sind noch keine festen Zahlen mathematisch genau bestimmt, sondern zum Theil dem Gutdünken des Konstrukteurs überlassen, weil für den Durchmesser der Räder, von welchem die übrigen Dimensionen derselben wesentlich abhängen, nur einige empirische Gesichtspunkte von Einfluß sind, die sich auf die auftretende Reibung

---

*) In Bezug auf die Prüfung der Qualität der Achsen und Räder ist Folgendes zu beachten:

Tiegelgußstahlräder sind von außen von anderen sauber ausgeführten Stahlgußrädern nicht zu unterscheiden und dürfte selbst im Bruch der Unterschied für jeden Laien schwer festzustellen sein. Zur Unterscheidung von Tempergußrädern bietet der Klang beim Anschlagen einigen Anhalt. Derselbe ist bei Tiegelguß „glockenrein", bei Temperguß dumpfer. Weitere Proben lassen sich mit Stahlgußrädern kaum vornehmen und ist hier jedenfalls die Solidität der liefernden Firma die beste Garantie für die Güte des Materials und der Ausführung.

Bezüglich der Qualität der Achsen bieten Biege- und Zerreißproben am besten Anhalt über die Festigkeit und Zähigkeit des Materials.

Bei den Staatsbahnverwaltungen sind für Zerreißproben 50 kg absolute Festigkeit bei 25 % Kontraktion vorgeschrieben.

Bei der Biegeprobe ist zu beachten, daß sich die Achse 4—6 mal durchbiegen und wieder gerade richten lassen muß, ohne zu zerbrechen. Das Maß der vorgeschriebenen Durchbiegung hängt von der Stärke der Achse ab. Bei den Waldeisenbahnen kann man die Durchbiegung gleich 10 % der Länge annehmen.

beim Fahren beziehen; hiernach hat das Rad mit einem Durchmesser von 300—350 mm im Feld- und Waldeisenbahnbetriebe sich gut bewährt und eingebürgert. Durch praktische Versuche mit verschieden großen Rädern gleicher Konstruktion dürfte indeß noch festzustellen sein, welcher Raddurchmesser der zweckmäßigste ist. Zu Gunsten der kleineren Räder mit gleich breiten Radkränzen und gleich hohen Flantschen ist anzuführen, daß in Folge der dadurch verminderten Wagenhöhe eine niedrige Lagerung der Baumstämme stattfindet, das Auf- und Abladen der Baumstämme erleichtert und überdies das Durchfahren stärkerer Kurven noch besser ermöglicht wird. Bei der Waldeisenbahn im Gebirge dürften sie in reifliche Erwägung zu ziehen sein.

Mit der Radform steht weiter im Zusammenhange die wichtige Frage, ob das Wagenrad einen oder zwei Flantschen (Spurkränze) erhalten soll. Zu Gunsten des einflantschigen Rades ist hervorzuheben, daß die Reibung an den Schienenköpfen, namentlich in den Kurven eine geringere, die Fahrt in Folge dessen eine leichtere und die Abnutzung des Materials nicht so bedeutend ist. Dahingegen ist als Vorzug des zweiflantschigen Rades die relativ hohe Sicherheit bei der Fahrt, die Verhütung von Entgleisungen anzugeben.

Wenngleich bei den hiesigen Versuchen festgestellt wurde, daß die Verwendung des rationell konstruirten einflantschigen Rades im geeigneten Terrain und bei guter Lage des Geleises nicht auszuschließen ist, so dürfte doch beim Transport der Nutzholzstämme im Schlage in Rücksicht auf die hier so häufig auftretenden mannigfaltigen Boden-Konfigurationen, zumal für voluminöse, nicht selten stark gekrümmte Stämme das Rad mit zwei Flantschen der größeren Sicherheit wegen den Vorzug verdienen.*) Bei der Konstruktion eines solchen Radkranzes ist dann aber zu berücksichtigen, daß der Laufkranz des Rades kein zu enger sein darf, sondern daß auch hier der breite Laufkranz des einflantschigen Rades zur Anwendung kommt, die Höhe der Radflantschen eine zweckmäßige, sowie die Stellung derselben nach innnen, d. h. dem Radkranze zu, hinreichend geneigt ist. Bei den hiesigen Versuchen hat sich ergeben, daß ein enger Laufkranz mit geringen Flantschhöhen und zu wenig geneigter Lage derselben bedeutende Reibungen in den Kurven verursachte — Klemmen

*) Daß das einflantschige Rad im großen Betriebe namentlich dann vortheilhaft zu verwenden ist, wenn die geschlagenen Hölzer an geeignete Stellen des Schlages gerückt und hier zu verladen sind, beweisen die Versuche in den Gräflich Stolberg-Wernigerode'schen Forsten im Regierungsbezirke Oppeln. Nach Mittheilungen des Herrn Forstmeisters v. Gehren bewährt sich das vom K. Ingenieur Birnbaum benutzte einflantschige Rad vortrefflich.

der Räder — und in Folge dessen jedenfalls nicht nur eine zu starke Abnutzung des Schienen- und Radmaterials zur Folge hat, sondern auch eine bedeutende Zugkraft beansprucht. Ein Laufkranz von 75 mm Kranzbreite, 40—50 mm lichter Weite, eine Höhe der Flantschen von 20—25 mm in einer Schrägung von etwa 1 : 4 zum Radkranz hat sich als zweckmäßig erwiesen.*)

Bei Befestigung der Räder auf den Achsen können folgende Konstruktionen in Frage kommen:

a. Räder mit der Achse befestigt (warm aufgezogen).

b. Beide Räder lose (drehbar) auf der Achse.

c. Ein Rad lose, ein Rad fest.

Welche von diesen Konstruktionen zu begünstigen ist, darüber läßt sich erst nach mehrjähriger Benutzung der verschiedenen Konstruktionen endgiltig urtheilen, wenn Anlage, Unterhaltungskosten und Nutzeffekt der verschiedenen Befestigungsweisen in Vergleich gezogen werden können. Im Allgemeinen ist bezüglich der Vor- und Nachtheile dieser verschiedenen Konstruktionen Folgendes zu erwähnen:

Bei den Wagen der großen permanenten Eisenbahnen sind bekanntlich die Räder auf den Achsen unlösbar befestigt (Konstruktion a.), weil der Verlust eines Rades von den allertraurigsten Folgen sein würde und weil keine Sicherung gegen das Ablaufen eines auf fester Achse rotirenden Rades in diesem Falle zuverlässig genug erscheint. Daß aber in Folge der unbeweglichen Befestigung der Räder auf den Achsen der Wagen viel an seiner Gelenkigkeit verliert und die Schienen in den Kurven mehr als in der geraden Strecke angestrengt werden, (weil die gegenüberliegenden Räder dieselbe Umfangsgeschwindigkeit haben und daher um den Unterschied der Länge der beiden Schienenbogen gleiten müssen) darüber ist man nie im Zweifel gewesen. Man hat diesem Uebelstande dadurch zu begegnen gesucht, daß man die Räder nicht cylindrisch, sondern konisch gestaltete, in der zutreffenden Annahme, daß der Wagen zufolge der Centrifugalkraft nach außen gedrängt, das äußere Rad in einem größeren, das innere Rad in einem kleineren Parallelkreise zum Aufliegen und Abrollen bringen werde. Die gegenüber befindlichen konischen Räder bilden nun aber in ihrer Ver-

*) Das Eisen- und Stahlwerk in Osnabrück hat in neuester Zeit die Entfernung der Radmitten so gewählt, daß im geraden wie im Kurvenstrange nur die Innenflantschen gegen die Schienenköpfe stoßen können. Der Außenflantsch soll nur die Sicherheit bei der Fahrt erhöhen. Eine Vergrößerung der Reibung dagegen soll dann beim Zweiflantschenrade nicht eintreten. Größere Versuche im Walde mit diesen Rädern werden erst im Laufe dieses Winters angestellt.

bindung einen Keil, welcher auf Erweiterung des Geleises, bezw. auf Bruch der Schienen wirken kann; um beiden Uebelständen vorzubeugen, werden bei permanenten Bahnen die Schienen nach innen geneigt und innen auch meist stärker befestigt. Nach Mittheilung der Eisenbahntechniker haben sorgfältig ausgeführte Messungen gezeigt, daß trotz der erwähnten Vorsichtsmaßregeln im Augenblick des Befahrens die Geleise sich um 0,4—1,1 % der Spur erweiterten. Die Mängel dieser Konstruktion werden von den Eisenbahntechnikern auch gar nicht verkannt, man hat sie aber als unvermeidlich zur Verhütung größerer Uebel dulden müssen. Ob aber die Rücksichtnahme, welche beim Betrieb permanenter Bahnen durchaus gerechtfertigt erscheint, für den Betrieb von Feld- und Waldbahnen geltend gemacht werden kann, ist fraglich. Hier wird die Geschwindigkeit selten mehr als 1—2 m, die Höhe des Schwerpunktes über den Schienen weniger als 1 m, die Höhe der Achsen höchstens 0,25—0,35 m betragen. Ganz abgesehen davon, daß unter solchen Verhältnissen das Ablaufen des Rades unbedingt verhindert werden kann, wie verschiedene Systeme zeigen, würde es hier noch nicht einmal die Folgen haben, die in gleichem Falle bei jedem Landfuhrwerk eintreten. Es ist daher reiflich in Erwägung zu ziehen, ob nicht im Interesse der besseren Erhaltung des Geleises und der Spur, sowie im Interesse der leichteren Fahrt *bewegliche, cylindrische* Räder für Waldbahnen zu bevorzugen sind. Konische Räder dürften in der Anwendung auf Waldbahnen die oben bezeichneten nachtheiligen Folgen haben, ohne die für die Befahrung von Kurven beabsichtigten Vortheile zu bieten, da die Geschwindigkeit bei den Waldbahnen viel zu gering ist, um eine Verschiebung der Räder in der Richtung der Achse annehmen zu lassen. Als Nachtheile der *losen* Räder hebt man Folgendes hervor:

a. Es nutzt sich die Achse sehr leicht unten einseitig ab, während die Naben, besonders an den Enden, wo erdige Theile leicht Aufnahme finden können, sehr bald auslaufen; die Räder wackeln dann auf den Achsen; in Folge dessen wird die Spur ungenau, ein Kneifen der Räder auf den Achsen stellt sich ein und somit auch ein schwereres Fahren auf dem Geleise.

b. bei Wagen mit *festen* Rädern bleiben die Achsschenkel stets rund, selbst, wenn sie noch so dünn abgelaufen sind. Es braucht hier nur das Lager erneuert resp. ausgegossen zu werden, während bei losen Rädern stets die Achse angeschweißt und die Räder ausgebohrt werden müssen und zwar mit viel bedeutenderen Kosten.

Um die Vorzüge des festen und losen Rades auszunutzen, hat man die Konstruktion c, bei welcher ein Rad lose, ein Rad fest auf der Achse ist und zwar derart, daß die lose laufenden Räder diagonal gegenüberstehen, auch eingeführt.

Von Gegnern dieser Einrichtung wird auf den Uebelstand hingewiesen, daß dieselbe für jede Achse drei Stellen aufweist, auf denen sie sich in Lagern bezw. mit dem losen Rad dreht, wodurch die Konstruktion komplizirt und theurer gemacht wird.

Wie schon vorhin erwähnt, wird erst nach mehrjähriger Verwendung ein maßgebendes Urtheil über die angeführten Konstruktionen der Befestigung der Räder auf den Achsen abzugeben sein.

Von Wichtigkeit ist, daß die Achsschenkel in einem **passenden Lager (Achsbüchse)** sich befinden. Durch ein in einfacher Weise auf jeder Seite der Achse am Untergestell angebrachtes Lager von Weißmetall oder Komposition wird die Reibung und die Abnutzung — der Verschleiß — am leichtesten zu vermindern und event. ein erneuertes Eingießen von Weißmetall leicht zu ermöglichen sein. Ob das Achslager zweckmäßig an der Innen- oder Außenseite des Untergestells anzubringen ist, dürfte auch noch durch Versuche festzustellen sein. Beim Achslager nach innen, wobei die Räder außerhalb des Rahmengestells sich befinden, wird das letztere schmaler und dadurch leichter.

Die mit dem Achslager anzubringende Schmiervorrichtung soll einfach, leicht zugänglich (Umkippen des Untergestells, Herausnehmen von Filzlagern 2c. behufs Schmierung sind zu vermeiden), dicht und gegen Schmutz, gegen Auslaufen und gegen Beschädigung gut geschützt sein. Nach den hiesigen Beobachtungen dürfte es sich empfehlen, außen angebrachte Deckel oder Schrauben des Schmiergefäßes zu vermeiden, weil diese zu leicht abgestoßen, oder verbogen werden. Ob eine Achse mit durchgehender Schmierbüchse, welche nur selten — etwa alle 3 Monat — mit konsistenter Schmiere zu schmieren ist, nicht auch in Anwendung kommen kann, ist noch in Erwägung zu ziehen.

2. Untergestell.

Bei Auswahl des Materials ist ins Auge zu fassen: „Haltbarkeit und Dauerhaftigkeit".

Durch die hiesigen Versuche ist konstatirt, daß zum Rahmen des Untergestells, sowohl Holz als auch Eisen verwendbar ist. Ob die Anschaffungs- und Unterhaltungskosten des eisernen Untergestells höher als die des hölzernen sich stellen werden, ist auch erst nach mehrjähriger Erfahrung zu entscheiden. Es sollen deshalb an dieser Stelle auch nur allgemeine Gesichtspunkte zur Beurtheilung angeführt werden.

Fig. 27.

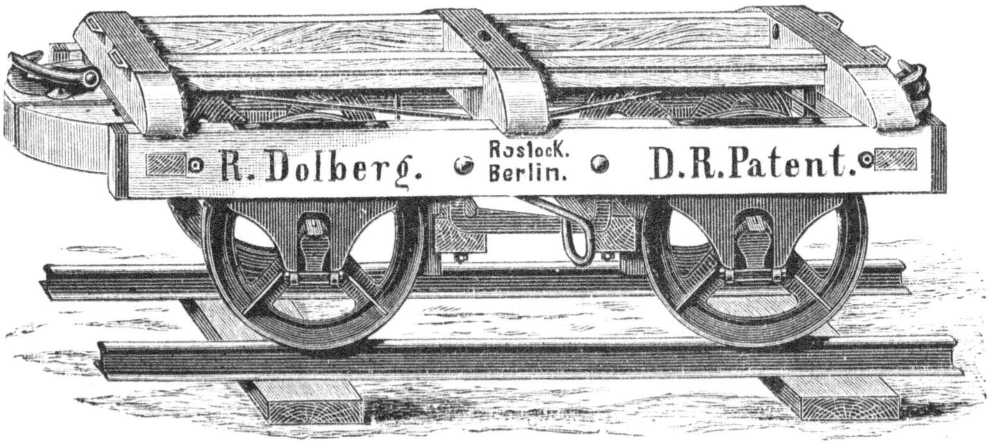

Zu Gunsten des hölzernen Untergestells spricht ohne Frage das leichtere Gewicht und die billigere Herstellung; ob aber die Reparaturkosten geringere als beim eisernen Untergestell sein werden, ist fraglich. Häufige Reparaturen und kürzere Dauer des ersteren Untergestells sind zweifellos vorhanden, denn es dürfte nicht in Abrede zu stellen sein, daß durch die vielfachen unvermeidlichen Durchbohrungen der hölzernen Längs- und Querträger behufs Durchziehung von Niet- und Schraubenbolzen, diese nicht nur übermäßig geschwächt, sondern auch die in dem Holz angebrachten Niet- und Schrauben-Verbindungen viel leichter locker und lose, als in Eisen werden. Bei den hiesigen, aus eisernen und hölzernen Wagen zusammengestellten Zügen, haben bei Entgleisungen die letzteren, aus schlechtem Kiefernholz konstruirten, vielfache Beschädigungen — Brüche in den Längs- und Querträgern — erhalten, während die eisernen intakt blieben; auch hat sich beim Betriebe gezeigt, daß die Holzfaser sehr leicht absplittert und bei ästigem Material ein Bruch der Träger recht häufig eintritt. Anstatt des Kiefernholzes dürfte vielleicht besser gesundes, astreines Buchen-, Eschen- oder Eichenholz zu verwenden sein. Als Nachtheil des eisernen Untergestells macht man geltend, daß das Gewicht desselben die Verwendung im Betriebe in Frage stellt, die eisernen Bestandtheile sehr leicht einrosten, die Schrauben ihre Wirkung versagen, Bruch in den Trägern eintritt, die Ausbesserung mit Schwierigkeit verknüpft ist und die Anschaffungs- und Unterhaltungskosten bedeutend höher, als beim hölzernen Untergestell sich herausstellen.

Ob diese Einwände berechtigt, darüber sind die Ansichten sehr getheilt. Erfolgt die Herstellung des eisernen Wagens auf Grund rationeller Berechnungen, sind die einzelnen Bestandtheile aus gutem Materiale fabrizirt und in einfacher Weise zusammengestellt, so beträgt das Gewicht — wie Konstruktionen zeigen — eines eisernen Unterwagens auch nur ca. 130 kg, des kompletten Nutzholzwagens ca. 180 kg, und die Handhabung des Wagens im Schlage von zwei Arbeitern ist ebenso gut möglich, wie beim hölzernen Wagen, dessen Gewicht auch auf ca. 160 kg sich stellt. Die Reparaturen am eisernen Wagen sind von jedem Dorfschmied mit Leichtigkeit vorzunehmen, während beim hölzernen Wagen Stellmacher und Schmied Arbeit erhalten.

Grundsatz sollte es aber sein, daß bei der zu **betonenden Einfachheit** in der Konstruktion des Wagens die Reparaturen, wodurch stets Betriebsstörungen und Kosten entstehen, zu den Seltenheiten gehören müssen.

Die Preise des eisernen Wagens betragen 140—180 Mark, die des hölzernen ca. 120—150 Mark.

Kurz mag hier auch noch die Frage erörtert werden, ob den Achsen eine federnde Beweglichkeit nach oben und unten zu geben ist.

Wenn auch bei richtiger Konstruktion und guter Lage des Geleises die Federung während der Fahrt kaum erforderlich ist, so dürften für das transportable Geleis im Schlage und namentlich bei coupirten Terrainverhältnissen die Vortheile der federnden Beweglichkeit der Achsen für die Anbringung derselben sprechen. Auf die Weise wird das Aufliegen aller 4 Räder auf dem Geleise in jedem Falle gesichert, was bei etwas geneigter Lage der Querschwelle sonst nicht leicht eintritt, das beim Auf- und Abladen wahrzunehmende Stoßen auf den Schienen und schädliche Schlagen im Wagen vermieden und die Reibung und die Gefahr des Entgleisens in den Kurven vermindert.

Ob die Federung der Achsen eine dauerhafte ist, wenn zwischen Achse und Untergestell eine stählerne Spiralfeder oder ein Buffer aus vulkanisirtem Kautschuk eingeschaltet wird, ist auch erst nach mehrjähriger Erfahrung zu entscheiden. Nach Angaben der Techniker sollen oft die Gummi-Buffer nur zum Theil aus Gummi, und in der Hauptmasse aus allen möglichen anderen Stoffen zusammengesetzt sein, so daß die Leistung und Dauer eine verhältnißmäßig geringe sein wird, während die Spiralfedern wieder leicht bei Frost springen sollen; bei den hiesigen Versuchen sind diese Uebelstände nicht eingetreten.

Wenn auch am Untergestell der Buffer-Apparat nicht absolut nothwendig ist, so dürfte doch zur Vermeidung von Stößen und in Rücksicht auf Schonung des Wagen-Materials eine Einrichtung zu treffen sein, welche im Zuge die Wirkung der Buffer durch die Kuppelstange vermittelt. Das Anbringen von Centralbuffern ist deshalb den seitlich in doppelter Zahl anzubringenden Buffern vorzuziehen. Jene haben außerdem auch noch den Vortheil, daß ihr Berührungspunkt beim Zusammenstoßen mehr in der Richtung der resultirenden Kräfte liegt, was namentlich beim Fahren in Kurven von Wichtigkeit ist, wo der Stoß zweier mit seitlichen Buffern versehener Wagen recht oft ein Schlenkern der letzteren hervorrufen kann, weil nur auf der einen Seite die Buffer aneinanderstoßen.

Bei öfterer Inaugenscheinnahme der Nutzholzzüge drängte sich mir der Gedanke auf, ob es nicht zu ermöglichen sei, auch den Angriffspunkt für die Zugkraft genau mit dem Auflagepunkt der Last zusammenfallen zu lassen, allein praktisch steht diesem der Theorie nach gewiß richtigen Gedanken Folgendes entgegen:

Bei Anbringung des Zughakens vertikal unterhalb des Angriffspunkts der Last — also genau in der Mitte des Wagens — würde einmal das Ein- und Aushängen der Kuppelstangen sehr erschwert und weiter würden in starken Kurven letztere an den Rädern schleifen und die Gelenkigkeit des Wagens verhindern. Ein an jedem Wagenende angebrachter eiserner oder hölzerner Buffer- und Zugstangen-Apparat dürfte demnach zweckmäßig sein.

In den Figuren 27—37 sind die beim Transporte von Nutz- und Brennhölzern, sowie bei Erd- und Kiestransporten in Anwendung kommenden Untergestelle von Wagen veranschaulicht, welche die zweckmäßige und empfehlenswerthe Einrichtung besitzen, daß dasselbe Untergestell zum Transport von Nutz- und Brennholz und zum Erd- und Kiestransport zu benutzen ist.

3. Bremsvorrichtungen.

Der Bremsvorrichtung ist bei Wagen-Konstruktionen, welche im coupirten Terrain zum Holztransport verwendet werden sollen, eine besondere Aufmerksamkeit zu schenken, denn unter derartigen Terrain-Verhältnissen ist der Sicherheit des Betriebes, der Schonung des Materials und der Zeitersparniß wegen eine bequeme und sichere Bremsung an den Wagen ein Haupt-Erforderniß. Durch Unterschieben von Knüppeln und ähnliche Manipulationen die Bremsvorrichtung ersparen zu wollen, würde jedenfalls eine verfehlte Spekulation sein.

Zunächst ist an die Konstruktion der Bremse die Bedingung zu stellen, daß sie hinreichende Sicherheit bietet, — nämlich alle Bremsklötze mit gleichem und genügendem Druck gegen die Räder preßt, — ferner daß sie leicht und ohne Gefahr vom Arbeiter zu benutzen ist, volle Freiheit aller Räder beim Lösen der Bremsen gestattet und daß bei eingetretener Abnutzung der Bremsklötze — Verschleißen — die richtige Lage der letzteren den Rädern gegenüber leicht wieder herzustellen ist. Eiserne Bremsklötze bewähren sich vortrefflich in der Schweiz und sind der größeren Dauerhaftigkeit wegen den hölzernen vorzuziehen. Weiter darf der Hub des Hebelarms der Bremse kein begrenzter und der Hebelarm muß endlich so angebracht sein, daß derselbe sowohl im bremsenden, als auch im nicht bremsenden Zustande festgestellt werden kann. In Rücksicht hierauf ist darauf zu achten, daß der Hebel, an welchem der Arbeiter das Anziehen der Bremsklötze zu bewerkstelligen hat, nicht an einem der beiden Wagenenden, sondern seitlich und womöglich so angebracht ist, daß es im Belieben des Arbeiters steht, auf der einen oder anderen Seite den Hebel anzusetzen, je nachdem es der vorhandene Platz oder die Richtung der Fahrt erforderlich macht.

Auch die von einigen Konstrukteuren angewendete Kurbelbremse ist für die Forsten in der Ebene und in schwach hügeligem Terrain nicht empfehlenswerth, weil sie das Ueberladen der Hölzer einschränkt und nicht mit genügender Geschwindigkeit angezogen und gelöst werden kann. Im Berglande und Gebirge auf längeren Schienenstrecken mit bedeutendem Gefäll ist sie aber unentbehrlich. Sie wird hier am ersten und letzten Wagen des zusammengestellten Zuges zweckmäßig am Platze sein. Anstatt der einfach und praktisch erwiesenen Handbremsen **selbstthätige** (automatische) Bremsen in Verbindung mit der Kuppelungsstange anzubringen, um die Begleitung des Zuges durch Bremser zu ersparen, scheint mir aus mehrfachen Gründen nicht sehr empfehlenswerth zu sein. Einmal wird die Konstruktion des Wagens dadurch eine komplizirtere, ferner findet im Schlage fast nie eine Verkuppelung der Wagen statt, sondern der beladene Wagen wird von den Arbeitern in der Regel an den festen Strang geschoben, so daß im coupirten Terrain die Handbremse am Wagen außerdem doch noch mit erforderlich ist; endlich tritt im Stammgeleise der eventuelle Vortheil der selbstthätigen Bremse nicht hervor, da bei Legung des festen Schienen-Stranges eine gewisse Ausgleichung der Gefäll-Verhältnisse eine Nothwendigkeit ist. In Erwägung dürfte sie vielleicht zu ziehen sein, wenn der Transport auf Schienenstrecken mit stetigem Fall zu bewerkstelligen ist. Man würde dann im Schlage eine transportable, auf die Wagenräder aufzusetzende und von ihnen abzuhebende Hilfsbremse benutzen können.

Bei Erörterung der Brems-Einrichtungen dürfte auch noch die Frage zu berücksichtigen sein, auf welche Weise der Transport der Hölzer zu bewirken ist, wenn die Neigung des Terrains eine so große wird, daß selbst das stärkste Bremsen, welches die Räder nahezu feststellt, nicht im Stande ist, den Zug am Heruntergleiten zu verhindern. In diesem Falle dürfte die Anbringung von Hemmschuhen aus Holz oder überhaupt aus einem solchen Material vortheilhaft sein, welches auf Eisen eine verhältnißmäßig große Reibung hervorruft. Eiserne Hemmschuhe sind nicht anwendbar, weil sie nicht anders wirken als das festgebremste Rad selbst; hölzerne Hemmschuhe dagegen, welche unter die Räder der Wagen geschoben werden, verwandeln denselben in einen hölzernen Schlitten; sie werden am einfachsten am Untergestell des Wagens etwa mittelst Ketten befestigt, damit sie jederzeit leicht herausgenommen und untergeschoben werden können.

Im Allgemeinen muß indeß von der Anwendung derartiger Hemmschuhe abgerathen werden und zwar im Interesse der Bahn, wie des rollenden Materials, aber auch im Interesse eines regelrechten Betriebes, welcher es vortheilhaft erscheinen läßt, das Geleise im Schlage möglichst sanft ansteigend zu verlegen und lieber einen größeren Umweg mit den verladenen Stämmen zu machen, als dieselben an steilen Hängen mittelst der Hemmschuhe herunter zu befördern. Wenn irgend thunlich, ist eine über 8% hinausgehende Steigung zu umgehen, weil die gewöhnliche Handbremse bei größeren Steigungen auf **längeren** Strecken sich als unzulänglich erweisen wird.

In sehr stark geneigtem Terrain ist je nach der Ausdehnung und Configuration desselben und nach Lage der Hölzer von den besonderen Transport-Einrichtungen Gebrauch zu machen, wie solche im Kapitel III näher erörtert worden sind.

1. Das Obergestell.

Die schwierigste Arbeit, welche die Holztransportwagen zu erfüllen haben, besteht im Transport von Nutzholzstämmen, weil diese schwere untheilbare Lasten repräsentiren. Die Einrichtungen des Obergestells zur Aufnahme von Brennholz treten daher im Vergleich zu den Aufsätzen für Nutzholzstämme in den Hintergrund. Die Anforderung an einen solchen Aufsatz für Nutzholz ist außer sicherer Lagerung des Baumstammes vor allen Dingen die, daß derselbe dem Stamme, welcher stets auf zwei Wagen aufruht, vollkommene Beweglichkeit in horizontaler Richtung gestattet, damit das Passiren von Kurven ermöglicht wird. Der Aufsatz muß daher jedenfalls als Drehschemel eingerichtet sein, welcher mit möglichst wenig Reibung sich leicht im Kreise herumdreht. Je leichter das Drehen erfolgt, um so weniger wird der Unterwagen beim Durchfahren von Kurven an der richtigen Einstellung im Geleise gehindert, um so geringer ist also die Reibung beim Fahren. Es verdienen daher die Konstruktionen, welche den Drehschemel auf Rollen laufen lassen, gewiß besondere Beachtung. Dadurch ist es auch zu ermöglichen, den Druck der Last mehr auf die Längsträger des Wagens zu legen und den Zapfen in geringeren Abmessungen resp. Gewichten herzustellen.*)

Außer der horizontalen Drehbarkeit muß dem Stamme aber auch eine Beweglichkeit in vertikaler Richtung gestattet sein, damit bei unebenem Terrain die Beanspruchung des Wagens eine ziemlich centrale bleibt und nicht etwa eine der beiden Achsen, oder gar ein einzelnes der vier Räder, einen übermäßigen Druck erleidet. Diese Beweglichkeit wird gut durch solche Schemel ermöglicht, welche ein sattelförmiges Profil haben (Figur 29) und welche nicht zu tief auf dem Rahmen des Untergestells sitzen. Nach den hiesigen Beobachtungen dürfte beim Transport von sehr krummen Stämmen und bei wellenförmigem Terrain eine Höhe von 500 bis 600 mm für den Auflagepunkt der Stämme als durchaus nicht zu niedrig zu bezeichnen sein.

Fig. 28.

*) In der neuesten Zeit hat man die Drehbarkeit des Obergestells (Aufsatz) durch die Anwendung eines Kugellagers, auf welchem der Drehschemel aufgestellt wird, noch zu erhöhen gesucht.

Fig. 29.

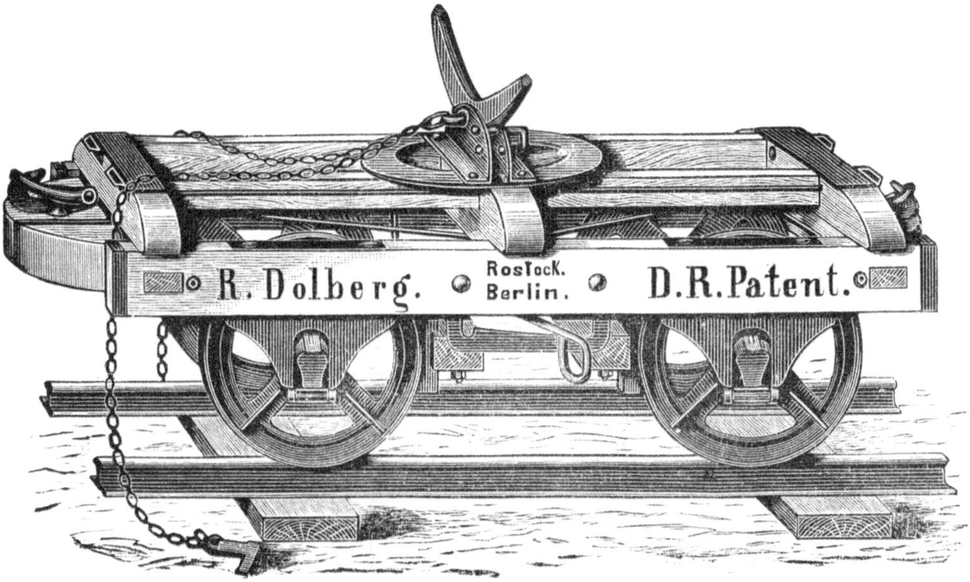

Fig. 30.

Fig. 31.

Fig. 32.*)

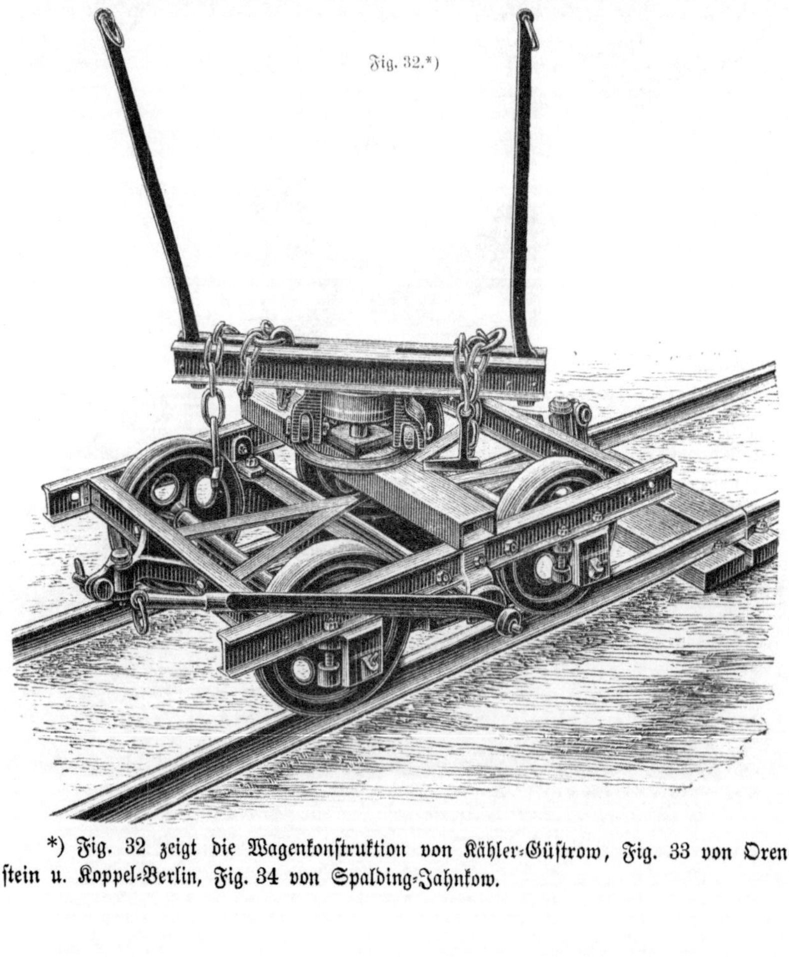

*) Fig. 32 zeigt die Wagenkonstruktion von Kähler-Güstrow, Fig. 33 von Orenstein u. Koppel-Berlin, Fig. 34 von Spalding-Jahnkow.

Fig. 33.

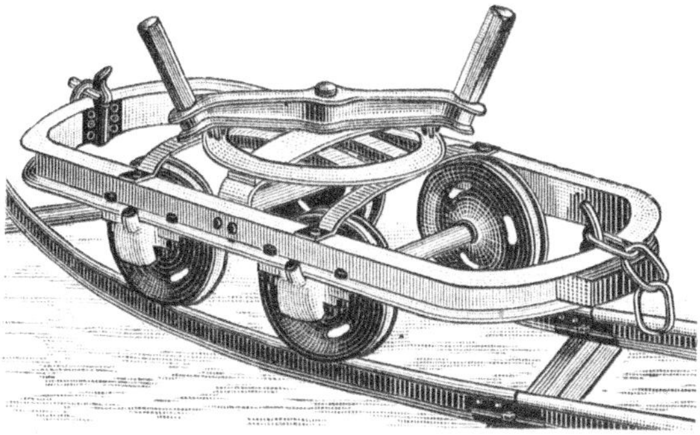

Fig. 34.

Wie durch Versuche konstatirt, ist der gebogene Rungschemel (sattelförmige) für den Einzeltransport stärkerer Stämme vortheilhaft; er erfordert aber eine Kippvorrichtung, wie solche in den Figuren 29 und 30 ersichtlich ist. Der Sattel selbst muß schmal gefertigt sein, um das Abwälzen des Stammes zu erleichtern. Für den Transport von **mehreren Stämmen**, von Schnitt- und Brettwaaren &c. dürfte der horizontale, grade Schemel zu bevorzugen sein. Bei einem derartigen Schemel sind die bei einigen Konstruktionen auf dem Schemel vorhandenen Zähne aber zu vermeiden, weil sie das Abladen des Stammes, sowie das Einlegen desselben in seine Gleichgewichtslage erschweren und den Stamm bei der

Fig. 35.*)

*) Fig. 35 und 36 sind Wagenkonstruktionen von Kähler-Güstrow.

Fahrt im Zuge auf dem Wagen doch nicht zu halten vermögen. Für den letzteren Zweck sind am Schemel feste oder verstellbare Ketten mit Anschlaghaken oder an den Rungen angebrachte Haken erforderlich. An einem solchen Schemel darf endlich die Einrichtung verstellbarer starker Rungen nicht fehlen, damit das Aufladen erleichtert und der Stamm zwischen den Rungen in seine Gleichgewichtslage abgewälzt werden kann. Eine Konstruktion, welche nach Bedarf gerade oder gebogene Schemel aufzunehmen in der Lage ist, dürfte zweckmäßig

Fig. 36.

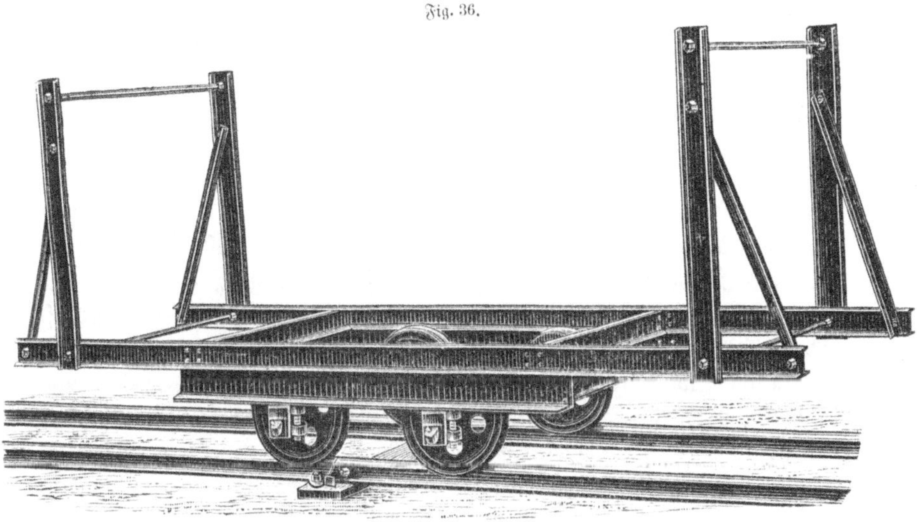

Fig. 37

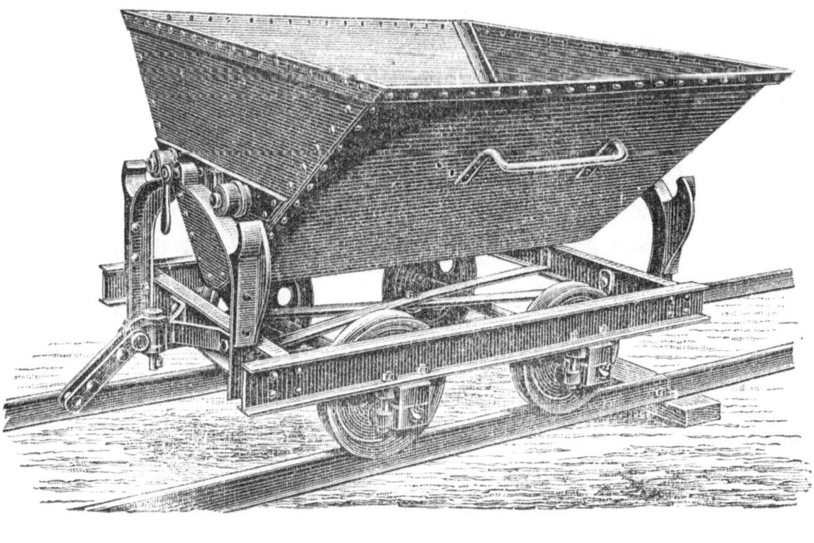

Das Obergestell ist bezüglich seines **Gewichts** so zu bemessen, daß ein Mann das Gestell abzunehmen und aufzusetzen vermag. Für den Brennholztransport bedarf es nur des Abhebens des Nutzholz-Rungschemels und des Aufsetzens eines auf 2 Wagen ruhenden eisernen oder hölzernen Rahmens mit beliebig stellbaren Rungen, wie er in Figur 35 und 36 veranschaulicht ist. Für den Erd- und Kiestransport ist das Obergestell aus der Figur 37 ebenfalls ersichtlich.

5. Die Tragfähigkeit und das Gewicht des Wagens.

Die Tragfähigkeit des Wagens muß sich den örtlichen Verhältnissen insofern anpassen, als sie dem halben Gewichte der schwersten zum Transport bestimmten Stämme entsprechen soll. Beim Durchschnittsgewicht der größeren Stämme von beispielsweise 40 bis 45 Ctr. sind Wagen von 1250 kg Tragfähigkeit ausreichend. Wegen einiger in einem Schlage vorkommender Ausnahme-Stämme mit größerem Gewicht das ganze Wagen- und Geleis-Material schwerer und theurer zu wählen, ist nicht rathsam.

Ein Wagen von ca. 1250 kg Tragfähigkeit, ganz aus Eisen und Stahl oder Holz, mit Obergestell für Nutzholztransport, solide und dauerhaft gebaut, darf nicht mehr als ca. 150 bis 200 kg wiegen, denn zwei Arbeiter müssen im Stande sein, den Wagen aus dem Geleise herauszuheben resp. in das Geleise einzusetzen. Bei diesem Gewichte vermag auch ein Arbeiter das Ueberkippen aus dem Geleise und das Einkippen in dasselbe zu vollziehen.

Die Dimensionen, Gewichte und Preise der bis dahin im Betriebe vorkommenden Nutz- und Brennholzwagen sind folgende:

Länge des Untergestells (Rahmen)	900—1300 mm
Breite	550— 860 "
Entfernung der Achsen	500— 650 "
Höhe von der Schienenoberkante gerechnet .	280— 440 "
Stand der Räder innerhalb und außerhalb des Gestells.	
Gewicht des Unterwagens	130— 200 kg
Gewicht des Obergestells zum Nutzholztransport	30— 80 "
Länge des Brennholzgestells	3300—4000 mm
Breite	850—1300 "
Höhe	910—1500 "
Gewicht	100— 190 kg

Preise des Unterwagens:

a) hölzerne	100— 120 M.
b) eiserne	120— 150 "

Obergestell zum Nutzholztransport:	. . . .	30— 60 M.
Brennholzgestell	. . . .	70— 90 „
Kippkasten	. . . .	30— 42 „

6. Verkuppelung.

Die Verbindung der beiden Wagen, welche einen Stamm transportiren, erfolgt nur durch den letzteren selbst. Eine Befestigung derselben durch Ketten ist nicht nothwendig, ja bei der Fahrt in Kurven verwerflich, dahingegen ist zur Verbindung zweier mit Stämmen beladener Wagenpaare eine Kuppelstange zu benutzen, welche entweder aus einem Stück oder in der Länge verstellbar angefertigt wird. Eiserne, aus dünnwandigen Gasröhren von nicht zu geringem Durchmesser, sowie aus gutem Holze hergestellte Kuppelstangen haben sich bewährt.

7. Anspann-Vorrichtungen.

Beim Pferde-Betrieb muß die Anspann-Vorrichtung auf das seitliche Gehen der Pferde berechnet sein, weil die Querschwellen im Geleise den Pferden das Gehen sehr erschweren und solche leichter verletzt werden.

Ein einzelnes Pferd wird am besten seitlich am Wagen oder am Stamme angespannt. Zu letzterer Anspannungsart hat die Osnabrücker Hütte eine Vorrichtung konstruirt, welche, am Schwerpunkte des Stammes befestigt, die Zugkette aufnimmt. Das Klemmen in den Kurven wird bei dieser Einrichtung verringert, bei Entgleisungen ist jedoch das neben dem Stamme laufende Pferd der Gefahr der Verletzung ausgesetzt. — Bei Verwendung zweier Pferde können diese entweder seitlich, oder an einer gemeinsamen Zugvorrichtung central angespannt werden. In der Schweiz wird ein Pferd vor das andere gespannt, doch geht hierbei stets an Zugkraft verloren. — Erwähnt sei hier noch, daß die Strecke längs des festen Schienenstranges am besten mit Plaggen gedeckt wird, um zu verhüten, daß die Pferde Sand auf das Geleise werfen, wodurch natürlich die Reibung nicht unbedeutend vergrößert wird.

C. Berechnung des Nutzeffekts.

Zur weiteren Beurtheilung der Leistungsfähigkeit des Schienen- und Wagen-Materials ist es nöthig, auf einer nach Länge und Steigung genau festgelegten Schienenstrecke, bei bekannter Last, die zur Fortbewegung der beladenen Wagen erforderliche Zugkraft mittelst Dynamographen oder Dynamometer, die Dauer der Fahrt mittelst Sekunden-Uhr zu ermitteln und auf Grund dieser Messungsresultate den Nutz- oder Nettoeffekt wie folgt abzuleiten: In den Einheiten von Meter, Kilogramm und Sekunde sei:

Das Gewicht zweier einen Baumstamm tragenden Wagen q.

Das Gewicht des Stammes: q_1.

Das Gesammtgewicht (Bruttolast):

$$Q = q + q_1.$$

Die Länge der Schienenbahn: l.

Die Neigung derselben: $n\%$ oder α°; $\operatorname{tang} \alpha = \frac{n}{100}$

Die Dauer der Fahrt (bei möglichst konstant bleibender Geschwindigkeit):

$$= t.$$

Die ermittelte mittlere Zugkraft: Z kg.

Für die Zugkraft auf geneigter Bahn*) gilt die Gleichung:

$$Z = Q \,.\, (\sin \alpha + w \,.\, \cos \alpha) \tag{1}$$

oder

$$= Q \cdot \frac{n + 100 \,.\, w}{\sqrt{100^2 + n^2}}.$$

Hiernach ergiebt sich der Reibungscoëfficient (Widerstandscoëfficient)

$$w = \frac{Z}{Q} \cdot \sqrt{1 + \left(\frac{n}{100}\right)^2} - \frac{n}{100}. \tag{2}$$

Für geringe Steigungen, also für sehr kleine Werthe von n, kann man aus den Gleichungen 1 und 2 durch Vernachlässigung des Gliedes $\left(\frac{n}{100}\right)^2$ gegenüber dem Werthe 1 die einfacheren Gleichungen

$$Z = \frac{Q \,.\, n}{100} + Q \,.\, w \quad \text{und} \tag{3}$$

$$w = \frac{Z}{Q} - \frac{n}{100} \quad \text{ableiten.} \tag{4}$$

---

*) Bekanntlich hat auf horizontaler Fahrbahn die Zugkraft nur die durch Reibung entstehenden Widerstände zu überwinden — rollende Reibung am äußeren Radumfang und wälzende Reibung am Umfang der Radachsen. Letztere kann durch Schmieren vermindert werden und fällt bei der Fahrt auf Landwegen gegen die rollende Reibung sehr klein aus. Anders bei der Benutzung von Fahrschienen (Eisen- und Stahlschienen). Hier überwiegt die Achsenreibung.

Das mittlere Verhältniß von Zugkraft zur Last, welches für jede Fahrbahn einen constanten Werth hat, nennt man bekanntlich den Widerstandscoëfficienten. Man hat demnach für die horizontale Fahrbahn:

$$Z = w \,.\, Q.$$

Für die bei den transportablen Bahnen noch zulässigen Steigungen bis zu 10% ist es zweckmäßiger die Gleichungen 1 und 2 anzuwenden.

Die von der Zugkraft Z bei Zurücklegung des Weges l geleistete Arbeit, also die Totalarbeit oder die Bruttoarbeit ist nun

I) $$A = Z \,.\, l \text{ mkg.}$$

Die in der Zeiteinheit, also in einer Sekunde geleistete Arbeit, der Bruttoeffekt oder Totaleffekt ist

II) $$L = \frac{Z \,.\, l}{t} \text{ sec. mkg.}$$

Bei ansteigenden Wegen hat die Zugkraft nicht nur die Entfernung zwischen Anfangs- und Endpunkt derselben zurückzulegen, sondern es ist auch die Last, welche zu einem höher gelegenen Punkte übergeführt werden muß, um den Höhenunterschied zu heben.

Denken wir uns im Punkte D (nebenstehende Figur) die auf der geneigten Fahrbahn AB lastende Masse (Q) konzentrirt und letztere ihrer (vertikalen) Richtung und Größe nach durch die Gerade DF dargestellt — DF also senkrecht AC —.

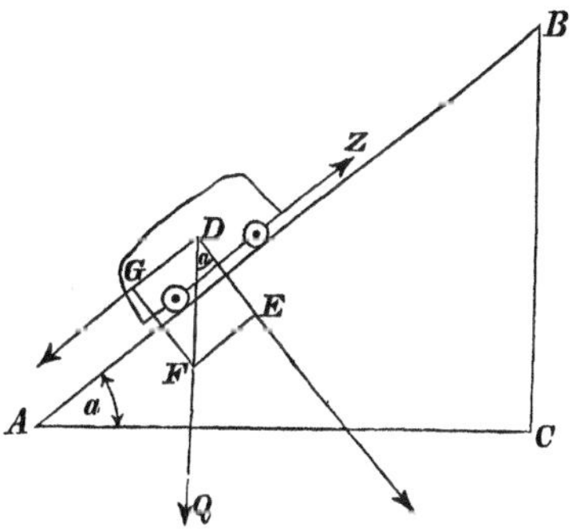

Zerlegen wir nun diese Kraft in die beiden rechtwinkligen Componenten DG parallel AB und gleich EF, und DE senkrecht AB, so hat die parallele Componente DG, welche den zur Ueberwindung der Steigung erforderlichen Theil der Zugkraft angiebt, den Werth:

$$Q \,.\, \sin\alpha = Q \,.\, \frac{\operatorname{tang}\alpha}{\sqrt{1 + \operatorname{tang}^2\alpha}}$$

$$= \frac{Q \,.\, n}{\sqrt{100^2 + n^2}}$$

während die Normalcomponente DE den Werth $Q \,.\, \cos\alpha$ hat und den Druck mißt, welchen die Last senkrecht auf die schiefe Ebene ausübt.

Soll die Last „bergan" bewegt werden, so ist erstens der aus der Reibung entstehende Widerstand, welcher in jedem Falle proportional dem Drucke der sich berührenden Flächen ist (DE) und somit durch $w \,.\, Q \,.\, \cos\alpha$ ausgedrückt wird und zweitens die bergab wirkende Componente der Schwerkraft $DG = Q \,.\, \sin\alpha$ zu überwinden. Die Zugkraft ist darnach bei der Bergfahrt:

$$Z = Q \,.\, (\sin\alpha + w \,.\, \cos\alpha) = Q \,.\, \frac{n + 100 \,.\, w}{\sqrt{100^2 + n^2}}$$

weil diese Kraft gerade ausreicht, um die Last, wenn sie in Bewegung versetzt wurde, dauernd in derselben gleichmäßig zu erhalten und gerade dieses Verhalten die Zugkraft charakterisirt.

Nutzarbeit und **Nutzeffekt** sind nun diejenigen Theile der Größen A und L, welche bei ausschließlicher Berücksichtigung der zu transportirenden Last, d. h. bei Abstraktion von dem Wagengewicht geleistet resp. erzielt werden.

Da für die meisten in der Praxis vorkommenden Wegrichtungen der Winkel a nur klein ist, so wird, weil für kleine Winkel der cos von 1 und der sin von tang wenig verschieden ist, für diese Gleichung auch annähernd gesetzt werden können:

$$Z = Q\,(w + \operatorname{tang} \alpha).$$

In dem Falle, wo $Q . \sin \alpha = Q . \cos \alpha$ oder $\operatorname{tang} \alpha = w$ wird, würde die abwärts gerichtete Schwerkrafts-Componente (Abwärtstrieb) gleich der zur Ueberwindung der Reibung erforderlichen Kraft sein und es würde die Last bei diesem Neigungswinkel, welchen man bekanntlich den Reibungswinkel nennt, nur ihrem Beharrungsvermögen folgen, also bei vorhandener Bewegung diese mit gleicher Geschwindigkeit fortsetzen, im Falle der Ruhe aber in dieser verharren. Dieser Reibungswinkel beträgt in Graden resp. in % des Gefälles ausgedrückt, wenn w die folgenden mittleren Werthe beigelegt werden:

	w	in Graden	Steigung
Erdweg . . .	0,10	5 Grad 43,	10
Steinbahn . .	0,03	1 „ 43,	3
Schienenbahn .	0,006	0 „ 23,	0,6

Ist die Steigung gleich dem Reibungswinkel, so ist $Z = 2 . Q . w$, d. h. die Zugkraft hat das Doppelte ihrer Horizontalanstrengung aufzuwenden, wenn der Weg unter dem Reibungswinkel ansteigt. Ebenso folgt: Wächst die Steigung bis zum Doppelten, Dreifachen u. s. w. des Reibungswinkels, so muß die Zugkraft drei- resp. viermal so groß sein, als auf der Ebene.

Durch Erfahrungen in der Praxis ist nun konstatirt, daß das Zugthier beim Fortschaffen von Lasten im forstwirthschaftlichen Betriebe recht gut das Doppelte der gewöhnlichen Zugkraft und für nicht zu lange Strecken das Drei- und Vierfache derselben zu leisten vermag. Die zulässige Steigung auf längeren Wegstrecken kann daher gleich dem Reibungswinkel der Fahrbahn, für kürzere Strecken gleich dem doppelten resp. dreifachen Werth desselben angenommen werden.

Bei der Fahrt „bergab" ist die Zugkraft um die der schiefen Ebene parallele Componente der Schwere kleiner als die Kraft, welche zur Ueberwindung der Reibung erforderlich ist. Es gibt die Gleichung

$$3)\quad Z = Q . w . \cos \alpha - Q . \sin \alpha$$

oder genügend annähernd: $Z = Q\,(w - \operatorname{tang} \alpha)$. Ist die Steigung größer als der Reibungswinkel ($\operatorname{tang} \alpha > w$), so ist Z negativ, d. h. ein Kraftüberschuß vorhanden, welcher durch die Bremsvorrichtung aufgehoben werden muß. Ohne diese würde die Last, nach dem Gesetze des Falles quadratisch mit der Zeit, die schiefe Ebene hinabstürzen.

Die Nutz- oder Nettoarbeit ist daher

III) $$A_1 = Z \,.\, l \cdot \frac{q_1}{Q} \cdot \text{mkg.}$$

Der Nutz- oder Nettoeffekt

IV) $$L_1 = \frac{Z \,.\, l \,.\, q_1}{t \,.\, Q} \text{ sec. mkg.}$$

Diese letztere Größe ist die zur Beurtheilung der Bahn allein in Betracht kommende. Irrthümlich ist die bei vielen Fabrikanten vertretene Ansicht, daß der Totaleffekt für die Leistungsfähigkeit maßgebend sein muß. Im Gegentheil: der Totaleffekt kann unter Umständen ein sehr großer sein und die Wagen sind doch nur von geringem Werthe. Es ist dieses z. B. der Fall, wenn die Wagen selbst ein sehr großes Gewicht haben, während nur wenig Last verladen ist. Der Totaleffekt berechnet sich dann natürlich als ein sehr hoher, einfach deshalb, weil die Zugkraft schon allein des schweren Wagens wegen sehr angestrengt wird. —

Wenn nun schließlich noch eine Mannes- oder Pferdearbeit von m. mkg angenommen werden soll, so berechnet sich eine Nutzarbeit von

V) $$\frac{Z \,.\, l \,.\, q_1}{Q} \cdot \frac{m}{Z \,.\, l} = \frac{m \,.\, q_1}{Q} \text{ mkg.}$$

Um ein Beispiel für diese Berechnung anzuführen, mag angenommen werden, daß die Zugkraft Z mit 65 kg; $q = 408{,}5$ kg; $q_1 = 1200$ kg; $Q = 1608{,}5$ kg; $n = 2{,}6$; $l = 100$ m; $t = 121$ sec.; ermittelt wurde.

Es berechnen sich dann

1) $$w = \frac{65}{1608{,}5} \cdot \sqrt{1 + \left(\frac{2 \,.\, 6}{100}\right)^2} - \frac{2{,}6}{100} = 0{,}0144.$$

2) Der auf die Steigung verwendete Theil der Zugkraft:

$$= \frac{1608{,}5 \,.\, 2{,}6}{\sqrt{100^2 + 2{,}6^2}} = 41{,}8 \text{ kg.}$$

3) Die auf die Reibung verwendete Zugkraft = 65 kg — 41,8 kg = 23,2 kg

4) Die Totalarbeit A . . . . . $= 6500$ mkg

5) Der Totaleffekt L . . . . . $= \frac{6500}{121} = 53{,}72$ sec. mkg

6) Die Nutzarbeit . . . . $= \frac{6500 \,.\, 1200}{1608{,}5} = 4228$ mkg

7) Der Nutzeffekt $\left(\frac{6500 \,.\, 1200}{1608{,}5 \,.\, 121}\right) = \frac{4228}{121} = 34{,}94$ sec. mkg

8) Auf eine Mannesarbeit von 20 mkg kommen: $\frac{20 \cdot 1200}{1608,5} = 14,9$ mkg Nutzarbeit.

Bei den hiesigen Versuchen sind auch diese Ermittelungen vorgenommen worden. Auf dem festen Schienenstrange wurde eine Versuchsstrecke von 100 m Länge und 2,6% Steigung zur Ermittelung der Zugkraft Z und Zeitdauer der Fahrt t benutzt.

Die Gewichte der Wagen wurden mit Hülfe von Decimalwaagen bestimmt und unter Annahme von 12 Ctr. für den fm Kiefernholz ist auch das Gewicht des zu transportirenden Kiefernstammes von 17 m Länge 39 cm Mittendurchmesser festgestellt (1200 kg). Die verschiedenen Wagen sind mit der Kiefer stets in der Weise beladen, daß die Last immer in demselben Punkte auflagerte.

Der Dynamograph wurde am Zugapparate des ersten Wagens vorsichtig angebracht und um einen thunlichst gleichmäßigen Anzug und eine möglichst konstant bleibende Geschwindigkeit während der Fahrt zu gewinnen, wurden 6 mittelkräftige Männer zum Fortziehen der beladenen Wagen verwendet. Anfang und Ende dei Fahrt wurde genau notirt und die mittlere Zugkraft am Dynamographen mit Sorgfalt abgelesen. Der größeren Sicherheit wegen sind die Versuche mit dem Dynamographen drei Mal wiederholt und ist darnach das Mittel genommen.

Daß diese vergleichenden Ermittelungen verschiedene Resultate lieferten ist einleuchtend. Konstruktion des Wagens und Geleises, — Dimensionen der Räder, loser und fester Radstand, Stärke der Achsen, Achsenabstand, Lagerung des Stammes auf dem Rungschemel u. s. w. sind hierbei nicht ohne Einfluß. Bemerkt möge hier nur werden, daß wir bei Wagenkonstruktionen mit festen, doppelflantschigen Rädern mit einem Raddurchmesser von 300 mm, Zapfendurchmesser von 38 mm und einem Gewichte von 260 kg eine Zugkraft von 120 kg und eine Zeitdauer von 164 Sekunden ermittelten, während wir bei Wagen mit losen Rädern, 340 mm Rad-, 30 mm Zapfendurchmesser und 200 kg Gewicht eine Zugkraft von 90 kg und einen Zeitaufwand von 113 Sekunden konstatirten.

Der Nutzeffekt berechnet sich hiernach für die erste Wagenkonstruktion auf:

$$\frac{120 \cdot 100 \cdot 1200}{164 \cdot 1720} = 51 \text{ sec. mkg};$$

für die zweite Konstruktion auf:

$$\frac{90 \cdot 100 \cdot 1200}{113 \cdot 1600} = 60 \text{ sec. mkg}.$$

Die Folgerungen aus diesen dynamometrischen Versuchen sind im besprochenen Kapitel an den betreffenden Stellen nicht unberücksichtigt geblieben.

III.

Anwendung des transportablen Schienengeleises beim Transport von Kiefern, Bau- und Nutzhölzern im Lehrforstrevier Eberswalde.

Auf dem ebenen zum Theil wellenförmigen Terrain des Lehrforstreviers Eberswalde nehmen die reinen Kiefern und die mit Buchen und Hainbuchen durch- und unterstellten Kiefernbestände hinsichtlich ihrer Verbreitung und ihrer Bedeutung für den Betrieb und die Verwerthung die erste Stelle ein.

Die im Buchen- und Hainbuchen-Unterstande erwachsenen haubaren Kiefern sind wegen ihrer Gerad- und Glattschäftigkeit, ihrer bedeutenden Kernholzmasse, ihrer engen und gleichmäßigen Jahrringbildung eine sehr gesuchte Handelswaare. Lokal- und Großhändler erscheinen auf dem Holzmarkte, so daß die Konkurrenz bei der Verwerthung eine gute ist.

Für den Lokalabsatz der Nutz- und Brennhölzer sind die Städte Biesenthal, Eberswalde und die Orte Trampe, Schöpfurth, Wolfswinkel von Bedeutung, während für den Großhandel die Stadt Berlin, die Schneidemühlen am Finow-Kanal und Lieper- und Oberberger-See zu berücksichtigen sind.

Die Großhändler lassen durch die hiesigen Fuhrleute die Nutz- und Brennhölzer von der Produktionsstätte im Walde bis an die am Finow-Kanal in der Nähe der Stadt Eberswalde, bei Hegermühle, Wolfswinkel, Grafenbrück gelegenen Holzablageplätze befördern und schaffen von hier die Hölzer weiter, entweder per Floß oder Kahn, bis an den ihnen zugewiesenen Verwendungsplatz.

Je nach der Witterung und dem Wegzustande wird bis 1 Meile Entfernung vom Walde bis zum Holzstapelplatze 2,50 bis 3,50 Mark für den fm an Transportkosten (incl. Auf- und Abladekosten) gezahlt.

Der Bahnhof Biesenthal mit geräumigen Holzablageplätzen kommt beim Transport der Nutzhölzer nicht in Frage; es werden hier nur Brennhölzer für den Bedarf in Berlin aufgestapelt.

Bei den im Winter 1884 mit verschiedenen Systemen transportabler Eisenbahnen angestellten Versuchen war eine direkte Verbindung von den zum Hiebe bestimmten Schlägen bis an die erwähnten Holzablagen nicht herzustellen, da einmal das zu Versuchszwecken eingesandte Schienen- und Wagenmaterial nicht ausreichte und beim Durchschneiden verschiedener Straßen in der Stadt Eberswalde mit dem Schienengeleise manche nicht so leicht zu beseitigende Schwierigkeiten sich eingestellt hätten.

Es handelte sich deshalb vor allen Dingen darum, für die zu Versuchszwecken bestimmten Hiebsjagen 33 und 38 des Reviers einen passenden Holzablageplatz im Walde selbst zu schaffen. — Im Jagen 81 am Kommunikationswege von Eberswalde nach Biesenthal glaubte ich den richtigsten Ort für die Sammelstelle und für die Konkurrenz der Hölzer gefunden zu haben, weil einerseits von hier aus die erwähnten Schlagflächen um ca. 3 km der Wasserstraße resp. den in Frage kommenden Absatzorten näher gerückt wurden und zugleich eine wünschenswerthe Konkurrenz unter den Holz konsumirenden Gewerben in Eberswalde, Wolfswinkel, Schöpfurth und den Großhändlern in Berlin zu ermöglichen war, andererseits auch die Länge der vom Holzablageplatze nach den genannten Absatzorten und den am Kanal gelegenen Holzablagestätten führenden Wege ziemlich die gleiche war (Tafel I).

Um eine rationelle Sortirung unter den auf dem Holzlagerplatze aufzulagernden Hölzern vornehmen zu können, wurde letzterer in 5 Abtheilungen getheilt, von welchen eine jede eine Klasse der geschlagenen Nutzholzstämme aufnehmen sollte.

A. Fällung und Aufarbeitung der Hölzer.

Die Rodung am stehenden Stamm bildete auf den erwähnten Schlägen die Regel. — Hierbei ist darauf zu achten, daß die Holzhauer den zu fällenden Stämmen thunlichst die gleiche Fallrichtung geben, damit demnächst das Legen der Geleise mit dem geringsten Zeitaufwande nach den zu ladenden Stämmen erfolgen und die Aufstellung und Benutzung der Ladevorrichtungen ohne Schwierigkeiten bewirkt werden kann. Werden während der Fällung in Folge auftretender heftiger Winde und Stürme die Stämme übereinander geworfen, so ist das Wenden und Rücken derselben vor dem Legen der Geleise und Aufladen aus den vorhin erwähnten Gründen vorzunehmen. Der Wendehaken und die Hebebäume, wie solche in Tafel II veranschaulicht, haben sich hierzu als brauchbar erwiesen. Die Fällung mittelst passender Rodemaschinen dürfte indessen bei Verwendung des Schienengeleises im Schlage noch reiflich in Erwägung zu ziehen sein.

Die Aufarbeitung der gerodeten Stämme ist im Interesse des geringsten Zeitaufwandes ebenfalls vor der Abfuhr derart zu bewirken, daß in passenden, dem Holzhandel entsprechenden Längen die Nutzholzstücke abgetrennt werden und liegen bleiben, während das Brennholz (Kloben, Knüppel, stärkeres Reisig-Material) an geeigneten Stellen des Schlages vorläufig aufzustapeln ist. Das Nutzholz ist vor dem Transport bezüglich seiner Längen- und Stärkeverhältnisse zu vermessen und die betreffende Stärkeklasse am Stamm- oder Zopfende zu verzeichnen. Je nachdem der Verkauf im Schlage oder auf der Holzablage stattfindet, ist die Numeration der Stämme entweder im Schlage oder erst auf der Holzablage auszuführen.

B. Verwendung der Geleise.

Vom Holzstapelplatze aus mußte eine 2 m breite Strecke des Kommunikationsweges von Eberswalde nach Biesenthal bis zu den genannten Hiebsflächen für das längere Zeit liegende Stammgeleise benutzt werden, in welchem von jedem System eine Anzahl von transportablen Jochen vertreten sein sollte.

Das Legen des Geleises auf planirten Wegbahnen ist eine höchst einfache Manipulation. Die Schienenjoche sind zunächst auf dem Transportwagen und zwar bei paralleler Armirung (Spalding, Dolberg, Kähler, Orenstein) in der Weise aufzustapeln, daß die Stoßschwellen in der Richtung des einzuschlagenden Geleisbaues zu liegen kommen. Bei diagonaler Armirung ist diese Bedingung ausgeschlossen. In der Regel sind 12 Joche auf einen Wagen zu laden. Zum Legen sind 2 Arbeiter nothwendig; einer schiebt den mit Jochen beladenen Wagen um Jochlänge vorwärts, der andere zieht sodann je einen Rahmen vom Wagen, tritt zwischen die Schienen des Joches, wendet das Gesicht dem schon liegenden Joche zu, faßt das Geleisstück möglichst im Schwerpunkt und schiebt oder legt es in die Stoßverbindung des vorhergehenden Joches (Figur 39).

Um die Arbeitskraft richtig auszunutzen, ist es empfehlenswerth, für längere Strecken den Transport mehrerer Wagen mittelst Pferdekraft zu bewirken. Je nach der Terrainbeschaffenheit vermögen zwei Arbeiter mit Benutzung eines Pferdes täglich 2000 bis 3000 m zu legen. Nach den Versuchen in Malchin*) vermag ein Arbeiter ohne Mitbenutzung der Pferdekraft in der Stunde aufzuladen, zu transportiren und zu legen ca. 100 m.

Die Verbindung der einzelnen Systeme mit einander war nicht schwierig, da alle gleiche Spurweite (600 mm) hatten und die Stoßverbindungen der verschiedenen Systeme zur Aufnahme der Joche gut passend, oder mit Leichtigkeit dazu herzustellen waren.

Zu beachten ist aber bei Verwendung der transportablen Joche zum Stammgeleise, daß die Stoßverbindungen der Joche eine Verschiebung

---

*) cf. Abhandlung des Verfassers über Ausstellung in Malchin; Zeitschrift für Forst- und Jagdwesen 1884.

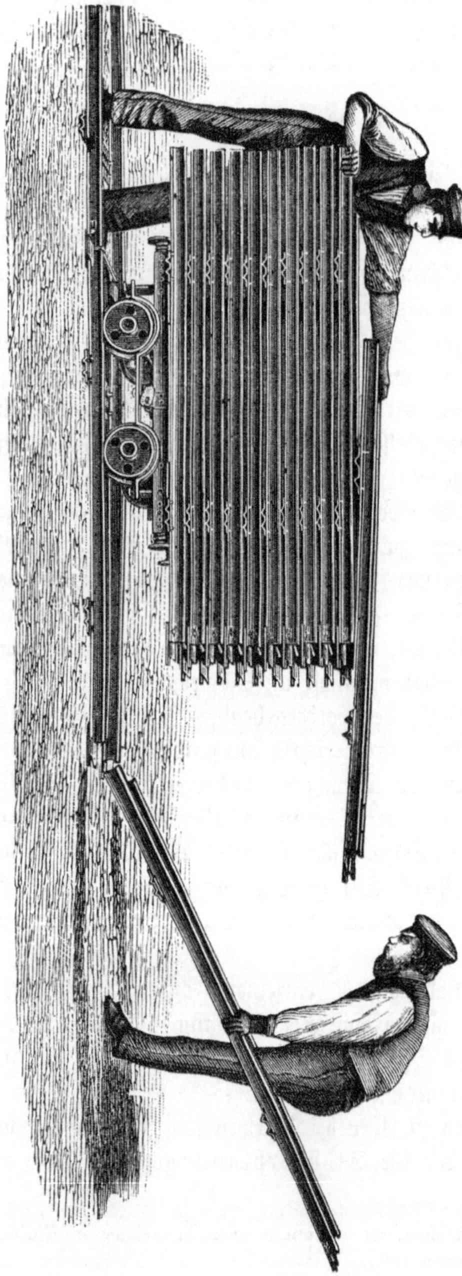

Fig. 39.

der letzteren in der Längsrichtung des Geleises nicht zulassen. Zweckmäßiger dürfte es überhaupt sein, anstatt des leicht transportablen zweimetrigen Joches das 5 Meter lange, von zwei Arbeitern zu tragende Joch zum festen Geleise zu benutzen, und zwar wegen der geringeren Anlagekosten, wegen Schonung des Geleises und des rollenden Materials.

Die Länge des festen Geleises bis zu den Schlägen betrug ca. 3 km. Die Gefällverhältnisse, aus der Tafel IV ersichtlich, sind wechselnde. Die längere Strecke ist schwachprozentig 0,5 bis 1,0 %, während auf kurzen Schienenstrecken das Gefäll sich ändert und an vielen Stellen in ein Gegengefäll von 2 bis 5 % übergeht.

Zur Aufnahme der Nebengeleise, sowie zur Herstellung von Ausweichestrecken (für leere Nutzholzwagen) wurden Schleppweichen im festen Geleise am Holzlagerplatze und an den Hiebsflächen eingefügt, wie die Zeichnungen der Tafeln es veranschaulichen (Tafel III u. VI). Ebenso wurden einige Kurvenstücke in den festen Schienenstrang eingelegt, wo der Kommunikationsweg bedeutende Biegungen zeigte. Ueberhaupt ist die Regel zu beachten, an Be- und Entladestellen einige Weichen (Schlepp-, Kletterweichen, Kurvenstücke) vorräthig zu haben, um Ausweichestellen für leere Wagen herrichten, oder sich begegnende leere Züge und beladene bequem aneinander vorbeiführen zu können.

Wie vorhin erwähnt, ist vom Stammgeleise das Nebengeleis mittelst Weichen zunächst in den Hiebsschlag zu führen. Dabei ist nach den gemachten Erfahrungen die Regel festzuhalten, das Geleis successiv an jeden fortzuschaffenden stärkeren Nutzholzstamm zu legen. Das Heranrücken der Stämme an einen gelegten Schienenstrang, um von hier aus das Aufladen und den Transport bis zum festen Geleise vorzunehmen, hat stets höhere Kosten verursacht; nur für schwächere Stämme und unter besonderen Terrainverhältnissen — steiles oder sumpfiges Terrain u. s. w. — dürfte diese Manipulation ins Auge zu fassen sein. Das transportable Geleis muß eben derart konstruirt sein, daß dasselbe über Stubbenlöcher, kleine Erhöhungen und Vertiefungen, wie sie im Schlage vorkommen, gelegt werden kann; in solchen Fällen muß man nur die hier und da ganz oder auf einer Seite etwa frei schwebenden Schwellen durch untergelegte, im Schlage sich vorfindende Holzstücke unterstützen. Zur Schonung des Materials ist es aber thunlichst zu vermeiden, das Geleise quer über Stämme hinweg, oder auf nebenliegende Stämme zu führen.

Das Geleise ist entweder seitlich oder unterhalb des zu ladenden Stammes, je nachdem die späterhin zu erörternden verschiedenartigen Hebevorrichtungen beim Aufladen Anwendung finden sollen, hinzuführen.

Zum Legen des Geleises in Verbindung mit dem Laden der Nutzholzstämme bilden zweckmäßig 4 Arbeiter eine Rotte; 2 Arbeiter tragen und legen die Joche, setzen die Nutzholzwagen ein, verbinden die Stämme mit den Rungschemeln und schieben den beladenen Wagen bei kürzeren Entfernungen bis zum festen Schienenstrange, während die beiden anderen Arbeiter beim Aufladen der Nutzholzstämme, beim Transport und beim Aufstellen der Ladevorrichtungen Beschäftigung finden; nöthigenfalls unterstützen sich alle vier.

1. Aufladen der Hölzer.

Den beim Laden der Nutzholzstämme in Frage kommenden, so wichtigen Hebewerkzeugen ist eine ganz besondere Aufmerksamkeit bei den hiesigen Versuchen geschenkt worden. Als leitender Grundsatz wurde hierbei beachtet, daß:

a. die Aufladevorrichtung das Heben und Senken des Stammes ohne Gefährdung der Arbeiter in der kürzesten Zeit ermöglicht, daß dieselbe

b. den Stamm ohne stärkere Stöße auf die Rungschemel zu bringen gestattet, damit das Material thunlichst geschont wird, und daß mit Rücksicht hierauf der Stamm auch um seine Längsachse so lange gedreht werden kann, bis er in seiner richtigen Schwerpunktslage sich befindet — Kippen und Kanten der schweren Nutzholzstämme auf den Rungschemeln sind unstatthaft —, und daß ferner

c. das Gewicht so bemessen ist, daß zwei Arbeiter die Aufladevorrichtung zu transportiren und zu handhaben in der Lage sind.

Unter den Hebewerkzeugen wurde Anfangs auch:

1) die bei den hiesigen Fuhrleuten sehr beliebte Hebelade verwendet. Diese bekannte Aufladevorrichtung, auf dem Prinzip des zweiarmigen Hebels beruhend, erfordert drei Arbeiter und in der Regel doppelte Aufstellung (am Stamm- und Zopfende). Das mit einer Kette umschlungene Stamm- oder Zopfende ist mittelst der bekannten Einrichtung so weit anzuheben und bei seitlicher Lage des Schienengeleises das Werkzeug noch so weit zu verschieben, bis der Stamm auf die Mitte des Rungschemels zu liegen kommt. Dieselbe Manipulation vollzieht sich am anderen Ende des Stammes, jedoch müssen bei nicht seitlicher Lage des Geleises die Arbeiter dasselbe jetzt unter dem Stamme entlang legen. — Ist der Stamm auf den Rungschemeln in seine stabile Gleichgewichtslage eventuell noch mittelst Hebebäume gebracht, so werden die am Rungschemel befindlichen

Ketten um den Stamm, dann einmal um sich selbst geschlungen, angezogen und ihre Anschlaghaken am Stamme eingeschlagen. Der so geladene und befestigte Stamm wird nun von Arbeitern bis zum festen Strange geschoben. Je nach der Stärke, Länge, Form und Lage des zu ladenden Stammes, nach den Temperaturverhältnissen (Frost, Schnee) ist der zum Aufladen erforderliche Zeitaufwand ein verschiedener; mit Hülfe der Hebelade sind 15 bis 30 Minuten für Heben, Senken und Befestigen des Stammes auf den Rungschemeln nothwendig.

Bei Benutzung der Hebelade ist die Gefährdung des Arbeiters nicht ausgeschlossen, da beim geringsten Ausgleiten resp. Seitwärtskippen des Instruments der Stamm dasselbe umwerfen und den unter oder neben ihm arbeitenden Mann beschädigen kann.

2) Die Zahnstangenwinde (Kastenwinde). Dieses Hebewerkzeug dessen Einrichtung aus den Tafeln V und VI hinreichend ersichtlich sein dürfte, wird wie folgt beim Aufladen von Stämmen benutzt: Aufstellung einer Winde von jeder Seite des muthmaßlichen Schwerpunktes*) des Stammes in der Weise, daß der Querbalken leicht mit den Klauen der Zahnstange zu verbinden ist.

---

*) Zur Bestimmung des muthmaßlichen Schwerpunktes an Kiefern-, Bau- und Nutzholzstämmen kann man von nachstehender Tabelle mit Vortheil Gebrauch machen, welche vom Ingenieur Wiencke (Firma Dolberg) entworfen ist. Dieselbe enthält für Länge und Mittendurchmesser von Nutzholzstücken die Schwerpunktsabstände von der Mitte nach dem Stammende zu. —

Bei Aufstellung dieser Tabelle ist man von der Annahme ausgegangen, daß bei Kiefern im Großen Ganzen die auf je 1 m ermittelten Durchmesser um 1 cm differiren. Bei einer Kiefer von 16 m Länge, 40 cm Mittendurchmesser beispielsweise würden demnach die Enddurchmesser um 8 cm kleiner resp. größer, als der mittlere Durchmesser anzunehmen sein. Der Abstand des Schwerpunkts (s) von der größeren Endfläche wird gefunden nach Gleichung:

$$s = \frac{R^2 + 2Rr + 3r^2}{R^2 + Rr + r^2} \cdot \frac{h}{4}.$$

Auf das obige Beispiel angewandt ergiebt

$$s = \frac{24^2 + 2 . 24 . 16 + 3 . 16^2}{24^2 + 24 . 16 + 16^2} \cdot 400$$

$$= \frac{576 + 768 + 768}{576 + 384 + 256} \cdot 400 = 1{,}73 . 400 = 692.$$

Die Entfernung vom Schwerpunkte bis Mitte des Stammes beträgt demnach:

$$\tfrac{1}{2}h - s = 800 - 692 = 108.$$

Diese Größe ist in der Tabelle bei 40 cm Durchmesser und 16 m Länge eingetragen. In der Praxis hat sich die Benutzung der Tabelle bewährt.

a. Bei hinreichend freier Lage des Stammes (Tafel V) wird der Querbalken (e) unter denselben geschoben und durch die Bolzen (f) an den Klauen (h) der Zahnstangen befestigt. Hierauf Heben des Stammes durch Drehen an der Kurbel (g) soweit, daß der Wagen unter dem Querbalken fortgeschoben werden kann, und Feststellen der Sperrklinke (d), damit das Zurückgehen der Winde verhindert wird. Sodann wird das Geleis von zwei Arbeitern bis in die Nähe des Zopfendes gelegt und je ein Wagen am Stamm- und Zopfende eingestellt. Es erfolgt nun das Senken des Stammes durch Zurückdrehen der Winde so weit, daß derselbe auf den Rungschemeln auflagert; hierbei ist darauf zu achten, daß die Nutzholzwagen einen solchen Abstand von einander haben, daß der Schwerpunkt des Stammes thunlichst gleich weit von denselben entfernt ist, es

---

Nach den am Stammende angeschriebenen Längen und Mittendurchmessern vermag der Arbeiter mit Leichtigkeit die Zahl aus der Tabelle zu entnehmen, welche von der Stammmitte nach dem stärkeren Stammende zu zur Aufstellung der centralen Aufladevorrichtung zu bezeichnen ist.

Länge in Metern	Mittendurchmesser in Centimetern. 20	25	30	35	40	45	50	55	60	65	Bemerkungen.
	Entfernung in cm von der Baumstammmitte nach dem stärkeren Stammende zur Bestimmung des Schwerpunkts.										
8	50	41	34	27	25	23	21	19	17	16	Nach der Formel $s = \frac{R^2 + 2Rr + 3r^2}{R^2 + Rr + r^2} \cdot \frac{h}{4}$ sind die Entfernungen mittelst Rechenschieber für Baumstämme mit geradem Längenmaße — 8, 10, 12 u. s. w. — berechnet, während für die dazwischen liegenden Längen — 9, 11, 13 u. s. w — die Zahlen im Verhältniß abgeschätzt sind. Sind auch die Zahlen in der Tabelle um einige Centimeter unrichtig, so ist dieses für die Praxis ohne Bedeutung. Bei Verwendung centraler Aufladevorrichtungen ist deren Aufstellung im muthmaßlichen Schwerpunkte völlig ausreichend.
9	65	53	45	37	33	29	26	24	22	20	
10	81	66	56	47	42	36	33	30	28	25	
11	99	80	67	57	50	44	40	37	34	30	
12	118	96	70	69	60	53	48	44	40	37	
13	136	110	90	80	70	62	56	51	46	42	
14	158	127	111	93	81	72	66	60	54	48	
15	179	145	123	104	93	83	75	68	61	55	
16	203	166	138	117	108	95	85	77	70	66	
17	227	185	156	132	118	106	96	87	79	74	
18	253	207	177	150	133	119	108	98	90	83	
19	279	229	195	166	147	132	119	109	99	91	
20	308	253	215	185	163	147	131	120	110	100	
21	337	278	235	203	179	160	145	131	121	113	
22	368	304	258	223	198	175	160	145	133	128	
23	398	330	279	243	216	189	175	157	145	140	

wird also ein Ueberladen des Stammes, vor allen Dingen des Zopfendes, vorzunehmen sein. Ein Kippen und Kanten des Stammes auf den Rungschemeln, je nach der Form desselben ist bisweilen noch nöthig, damit die tiefste Lage des Schwerpunktes — stabile Gleichgewichtslage des Stammes — erzielt wird.

Zum Schluß findet die Befestigung des Stammes auf den Rungschemeln durch die Ketten mit Anschlaghaken statt; die Winden werden fortgenommen und die beladenen Wagen bis zum festen Strange geschoben.

b. Liegt der Stamm direkt auf dem Boden (Tafel VI), so ist der Querbalken (e) oberhalb des Stammes mit den Klauen (h) der Zahnstangen zunächst zu verbinden, dann eine Kette (i) um den Stamm zu schlingen und diese mit auf den Querbalken zu legenden eisernen Haken (k) zu befestigen. Hierauf erfolgt das Heben des Stammes soweit, daß ein hölzerner Bock unter den Stamm zur Stütze desselben gestellt werden kann.

Querbalken und Kette werden jetzt abgenommen, die Zahnstangen so weit heruntergedreht, bis die Klauen derselben mit dem jetzt unter dem Stamm durchzuschiebenden Querbalken zu befestigen sind. Das Anheben und Senken des Stammes u. s. w. geschieht sodann in derselben Weise, wie vorhin beschrieben.

Beurtheilung.

Die Handhabung einer jeden Winde erfordert einen Arbeiter. Die Arbeit mit derselben ist leicht und sicher. Je nach der Lage des Stammes und nach den Temperatur-Verhältnissen ist ein Zeitaufwand von 8 bis 15 Minuten — für Stämme bis 4 fm — erforderlich. Bei richtiger Benutzung Gefährdung des Arbeiters ausgeschlossen. Das Drehen des Stammes um seine Längsachse ist nicht, dahingegen ein Drehen in seinem Auflagerungspunkt vortrefflich ausführbar. Die Winde wird nach den Angaben des Oberförsters von Hövel vom Schmied Wolff in Joachimsthal angefertigt und beträgt der Preis 112 Mark loco Joachimsthal.

3) Die Schraubenwinden (Tafel VII u. VIII). Anstatt der Zahnstangen sind zwei Schraubenwinden in einem Holzgestell (a) befestigt und die Bestandtheile derselben so zusammengesetzt, wie die Zeichnungen veranschaulichen. Nur in Bezug auf die Räder (b) wird bemerkt, daß dieselben so gestellt sind, daß beim Drehen der Welle mittelst der Kurbel (f) die eine Spindel rechts, die andere links herum geht und in Folge dessen die eine der Schraubenmuttern aufwärts, die andere abwärts sich bewegt. *)

---

* In der Tafel ist die ältere Konstruktion mit nur einer Spindel abgebildet.

Gebrauch.

Aufstellung wie bei der Zahnstangenwinde angegeben und zwar in solcher Entfernung von einander (ca. 1,5 m), daß das Einlegen des Tragbalkens (g) möglich ist. Einhängen der Teufelsklaue (c), Verbindung der letzteren mit dem Stamm und Heben desselben unter Benutzung des Griffschlüssels (d) so weit, bis der Gabelbalken (e) unter dem Stamm auf die Muttern der Schraubenwinden geschoben werden kann.

Hierauf Fortnehmen des Tragbalkens mit den an ihm befindlichen Bestandtheilen und Heben des Stammes mit der Schraubenwinde so weit, daß der Wagen unter dem Gabelbalken bequem fortzuschieben ist.

Das Legen des Geleises, die Einstellung der Nutzholzwagen, Verbindung des Stammes mit den Rungschemeln u. s. w. ist ganz in derselben Weise vorzunehmen, wie bei der Zahnstangenwinde angegeben.

Beurtheilung.

Jede Winde wird von einem Arbeiter bedient. Die Winden arbeiten sicher, leicht und rasch (6 bis 9 Minuten). Ihre Einrichtung hat den Kastenwinden gegenüber den Vortheil, daß das Umschlingen des Stammes mit der Kette — bei ungünstigen Temperatur-Verhältnissen viel Zeit beanspruchend — sowie das Zurückdrehen der Winde nicht nothwendig und ein unbeabsichtigtes Zurückgehen der Schraubenwinde ausgeschlossen ist.

Diese Schattenseite der Zahnstangenwinde veranlaßte mich, die Schraubenwinde mit den in der Zeichnung veranschaulichten Bestandtheilen vom hiesigen Schlossermeister Dubbick anfertigen zu lassen. Vermöge der scharfen, gebogenen Form des Gabelbalkens ist das Kippen und Kanten des Stammes auf demselben mit Leichtigkeit vorzunehmen.

Gefährdung des Arbeiters ausgeschlossen. Preis 140 Mark.

4) Der transportable Krahn (Tafel IX). Der bekannte transportable Krahn, dessen Wirkung sich aus der eines einfachen Flaschenzuges und der einer festen Rolle zusammensetzt, besteht der Hauptsache nach aus dem eigentlichen Krahnengestell (a) mit Seil- oder Kettenwinde (b), einem gekrümmten, den Flaschenzug (d) tragenden Arm (c) und der zu diesem gehörigen Stütze (e).

Gebrauch.

Aufstellung bei leichteren Stämmen (bis 1,50 fm) über dem Schwerpunkt, bei stärkeren am Zopf- und Stammende; Umschlingen des Stammes mittelst der Kette (f) im muthmaßlichen Schwerpunkt desselben, Befestigen derselben mit der Leitrolle (g) und Heben mittelst der Winde am Gestell so weit, wie bei 2 und 3 angegeben. Legen des Geleises, Einstellen der Nutzholzwagen u. s. w. wie bei der Zahnstangenwinde.

Beurtheilung.

Die Windeeinrichtung am Krahn erfordert mindestens drei Arbeiter. Das Heben des Stammes ist nicht so bequem für die Arbeiter, wie bei der Schrauben- und Zahnstangenwinde. Im Uebrigen erfolgt das Anheben rasch (6 bis 10 Minuten). Die Gefährdung des Arbeiters ist nicht ausgeschlossen, wenn auf frisch zugeworfenem lockerem Boden (Stubbenlöcher u. s. w.) das Gestell resp. seine Stütze aufgestellt werden muß und das Geleis unter den gehobenen Stamm zu legen ist.

Trotz häufiger Revision und sorgfältiger Pflege der Seile ist man gegen Seilbrüche niemals absolut sicher, da eine Abnutzung des Seils meistentheils im Innern erfolgt, und daher nicht zu konstatiren ist.

Bei Seitenlage des Geleises ist größerer Zeitaufwand erforderlich. Der Preis — ca. 75 Mark — ist angemessen.

5) Der Baumkrahn (Doppel-Hebel) von Dolberg-Rostock. Der auf Tafel X veranschaulichte Baumkrahn ist in den letzten Wochen hauptsächlich zur Anwendung gekommen und hat sich als ein sehr praktisches Hebewerkzeug erwiesen. Die Bestandtheile desselben sind aus den beiden Zeichnungen ersichtlich.

Gebrauch.

Aufstellung eines Krahnträgers (A) zu jeder Seite des Nutzholzstammes im muthmaßlichen Schwerpunkte desselben. Verbindung der beiden Krahnträger in ihren oberen Theilen durch einen Bolzen (b) und je nach dem Terrain Verstellung des Stützfußes (c) des Krahnträgers in der Weise, daß letzterer senkrecht steht. Hierauf Ansetzen der Zange (d) ungefähr im Schwerpunkte des Baumstammes und Verbindung derselben mit den Zugketten (e), wie auf der Zeichnung veranschaulicht. Auf- und Niederbewegen der Handhebel (f) so lange, bis der Stamm so hoch gehoben ist, daß das Schienengeleis zwischen die Krahnträger hindurch gelegt und der Wagen eingestellt werden kann.

Unter Benutzung des Handhebels und der Sperrklinke Senken des Stammes und Befestigen desselben ꝛc. in derselben Weise wie vorhin beschrieben (Tafel XI und Figur 40).

Urtheil.

Das Hebewerkzeug arbeitet sehr sicher, sehr rasch (5 Minuten) und sehr leicht; es erfordert zwei Arbeiter, ist sehr bequem trausportabel und bei den Arbeitern sehr beliebt und bevorzugt. Gefährdung des Arbeiters ist ausgeschlossen. Der Stamm ist auch um seine Längsachse zu drehen.*) Der Preis beträgt nach Angabe der Firma Dolberg-Rostock 216 Mark.

6) Der Ladebaum (geneigte Ebene). Tafel XII zeigt die Bestandtheile dieser Hebevorrichtung und deren Zusammensetzung.

Gebrauch.

Das Schienengeleis wird neben den zu ladenden Stamm gelegt. Die Aufstellung der beiden Wagen geschieht in der Nähe des Stamm- und Zopfendes. Bei schweren Stämmen von über 2 fm findet die Aufstellung der beiden Ladebäume über dem Schienengeleise — der eine neben dem Vorder-, der andere neben dem Hinterwagen stehend — und zwar möglichst senkrecht zur Richtung des zu ladenden Stammes in der Weise statt, daß der Fuß (a) mit dem unteren Theile des Ladebaunes zwischen Stamm und Schienengeleise sich befindet, während das Fußgestell (b) seitwärts des Schienengeleises zu stehen kommt. Hierauf wird die über dem Kettenrad liegende Zugkette unter dem Stamm durchgezogen und an dem Haken (c) des Ladebaumes befestigt. Damit das Gestell sich nicht verrückt, wird in dessen Nähe ein starker Pfahl (d) oder eine eiserne Stange (Anker) in den Boden eingeschlagen, mit einem Seile (e) einige Male umschlungen und an dem Haken (f) des Ladebaumes befestigt, wie die Figur veranschaulicht.

Nach Aufstellung des Hebewerkzeugs wird mittelst der Flügelschraube (g) der Ladebaum so hoch gestellt, daß dessen Höhe bei h der Höhe der Wagen entspricht. Hierauf wird mittelst Drehen der Kurbel (i) der mit der Zugkette verbundene Stamm bis zur erforderlichen Höhe auf dem Ladebaum emporgewunden. Durch die Flügelschrauben wird sodann die im Fußgestell auf- und abgehende Schraubenspindel (k) so weit gesenkt, daß sich der Stamm auf den Drehschemeln der nebenstehenden Wagen lagert. Das Kettenrad wird nun soweit zurückgedreht, daß das Aushaken der Kette am Ladebaum ermöglicht wird. Gestell und Ladebaum können jetzt fortgenommen und die Verbindung des Rungschemels mit dem Stamm in derselben Weise bewirkt werden, wie bei der Zahnstangenwinde angegeben.

---

*) Zu dem Zwecke schlägt man nur die Kette des einen Krahnträgers ganz um den Stamm herum und hakt dieselbe in die Oese der Zange. Durch Benutzung des Handhebels ist sodann der Stamm zu wenden.

Die Aufladevorrichtung erfüllt alle die Anforderungen, welche auf Seite 86 angegeben wurden.

Fig. 40.

Beurtheilung.

Jeder Ladebaum wird von einem Arbeiter bedient. Bei nicht zu schweren Stämmen — bis 1,5 fm — ist die Aufstellung eines Ladebaumes in der Nähe des Schwerpunkts des Stammes ausreichend. Die Arbeit mit dem Hebewerkzeug ist bequem und sicher, beansprucht aber mehr Zeit als die vorhin angegebene Aufladevorrichtung. Das Drehen des Stammes um seine Längsachse ist nicht ausführbar. Die Gefährdung des Arbeiters ist vollständig ausgeschlossen, da das Geleise neben die zu ladenden Stämme gelegt wird. Zur Anwendung wird das Hebewerkzeug vorzugsweise dann sich empfehlen, wenn Nutzholzstämme an einer Stelle konzentrirt sind oder die Aufstellung der Aufladevorrichtung das Heranziehen von Stämmen in sehr coupirtem Terrain gestattet. *)

Preis 80 Mark pro Stück.

Das Aufladen schwächerer Nutzhölzer, sowie Brennhölzer (Kloben, Knüppel u. s. w.) bietet keine Schwierigkeiten und wird ohne Anwendung von besonderen Hebewerkzeugen bewirkt.

Vor dem Aufladen des Brennholzes ist nur der hierzu bestimmte Aufsatz auf zwei Universalunterwagen zu stellen und das Beladen und Befestigen in der einfachen Weise vorzunehmen, wie die Figur 41 zeigt.

Ebenso verursacht die Benutzung der kleinen Kippwagen zum Erd- und Kiestransport, wie solche in Figur 37 dargestellt sind, keine besonderen Umstände.

Fig. 41.

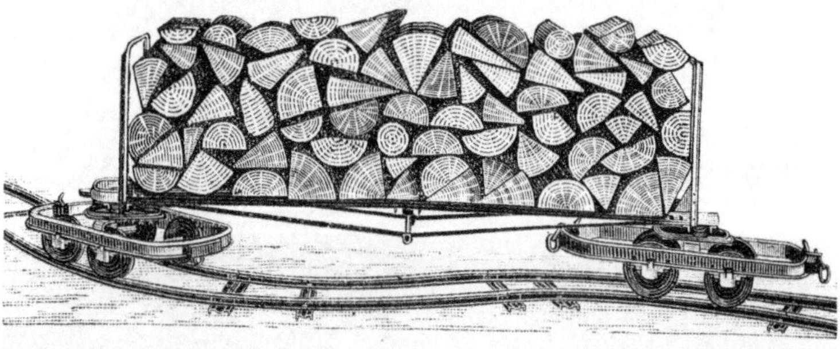

Der Transport der beiden mit einem, resp. mehreren Nutzholzstämmen beladenen Wagen bis zum festen Schienenstrange geschieht wie schon erwähnt durch die Arbeiterrotte.

*) Auf der am 7. und 8. Oktober d. J. auf den Werken des Georgs-Marien-Bergwerks- und Hüttenvereins zu Osnabrück veranstalteten Besichtigung von Oeconomie-, Gruben- und Forstbahnen wurden folgende Hebewerkzeuge gezeigt:

2. Transport der Hölzer.

Im ebenen, wellenförmigen und coupirten Terrain bis zu 8%, wie auf den 20 m breiten Kahlhiebsstreifen a, b des Jagens 38 (Tafel III) ist die Benutzung der Handbremse allein genügend, um die Gefällverhält-

1. Die in der Figur 42 veranschaulichte Centralaufladevorrichtung, welche im ebenen und geneigten Terrain und beim Aufladen einzelner Stämme im Schlage benutzt werden soll. —

Fig. 42.

Aufstellung über den muthmaßlichen Schwerpunkt des zu ladenden Stammes, Anfassen des letzteren mittelst der Teufelsklaue, Drehen der Kurbel vom Arbeiter so lange, bis das Geleise unterm Stamm entlang zwischen dem Apparate durchgelegt und die Wagen untergeschoben werden können. Hierauf Niederlassen des Stammes auf die beiden Rungschemel mittelst der Kurbel und Befestigen in derselben Weise, wie unter 1 angegeben, sind die Manipulationen, welche bei Benutzung des Hebewerkzeugs angewandt werden müssen.

nisse zu überwinden. Bei 10 bis 14 % Gefäll (— e der Tafel III), jedoch auf nicht zu langen Strecken, reicht nach hiesigen Beobachtungen die Handbremse wohl noch aus, wenn die Reibung auf dem Schienengeleise

Mit der Ladevorrichtung arbeitete der Arbeiter leicht, rasch und sicher; ein event. Drehen des Stammes um seine Längsachse war ebenfalls möglich. Stämme mit ca. 150 Centner Gewicht wurden gehoben; der Apparat mit einem Gewicht von 100 kg. war von zwei Arbeitern ohne Schwierigkeit zu transportiren. Preis 290 Mark.

2. Die in der Figur 43 dargestellte Aufladevorrichtung mit schiefer Ebene soll Anwendung finden, wenn die zu ladenden, schwereren und stärkeren Nutzholzstämme auf besondere Terrainplätze konzentrirt sind.

Fig. 43.

Je nach dem Gewicht der zu verladenden Stämme sind entweder zwei — am Stamm- und Zopfende — oder nur ein Apparat — am Schwerpunkte — aufzustellen, ihre Ketten mit dem Stamm zu verbinden und das Heraufziehen des letzteren auf der schiefen Ebene mittelst der Kurbel vorzunehmen. Zum Sinkenlassen des Stammes auf die Rungschemel ist dieselbe Kurbel in entgegengesetzter Weise zu benutzen.

Das Geleise wird zwischen die Aufladevorrichtung und den zu verladenden Stamm gelegt und je ein Nutzholzwagen in der Nähe des Stamm- und Zopfendes auf das Geleise gestellt.

Auch dieses Hebewerkzeug arbeitet gut. Stämme von 80 Centner Gewicht wurden mit ihm gehoben. Absolute Sicherheit für den Arbeiter ist vorhanden.

Das Gewicht des Apparates beträgt 175 kg.

Auf der von Theilnehmern der Deutschen Forstversammlung am 10. September d. J. in der Görlitzer Stadtforst ausgeführten Exkursion wurde vom Herrn Fabrikanten Spalding der in der Figur 44 dargestellte Apparat zum Heben und Senken von Nutzholzstämmen vorgeführt, welcher gut funktionirte.

Preis 170 Mark. —

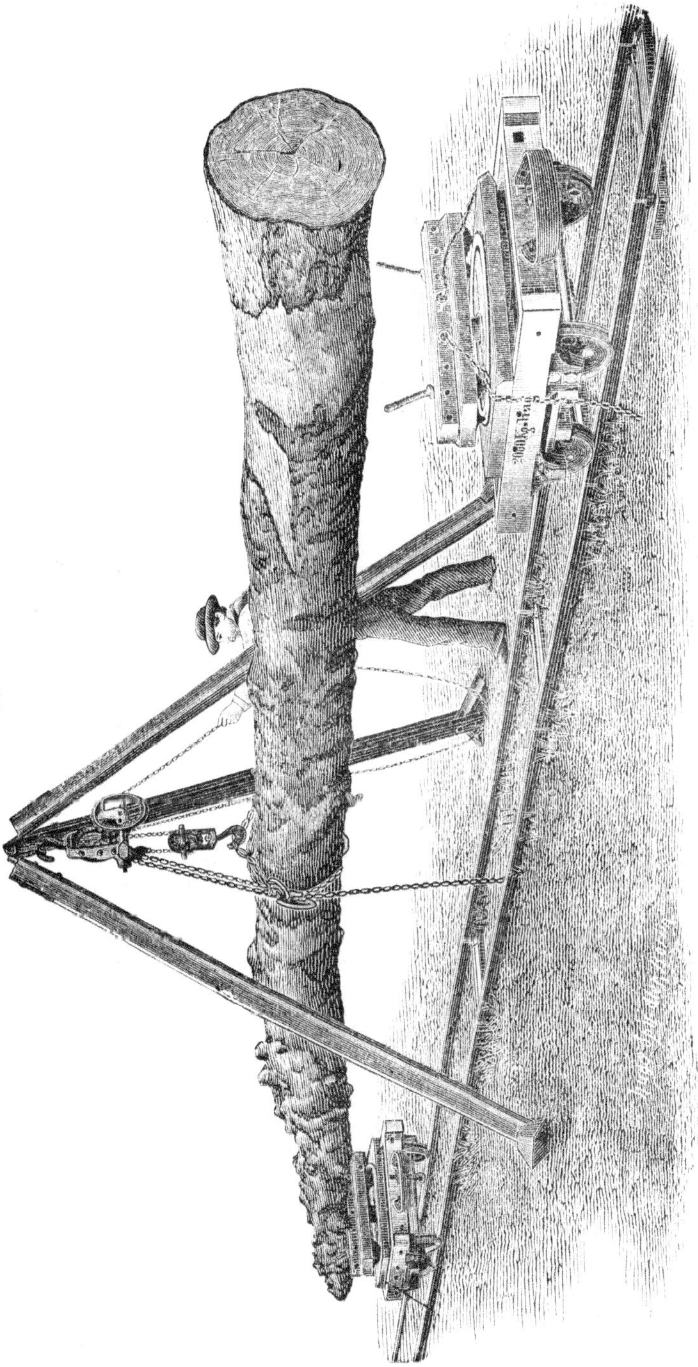

Fig. 44

durch Bestreuen der Schienen mit Sand vergrößert wird. Bei steileren Berghängen ist nach hiesigen Versuchen der Transport der beladenen Wagen bis zum festen Schienenstrange in folgender Weise zu bewerkstelligen:

Bei Berghängen mit daranstoßendem Plateau oder schwach geneigten Terrainflächen, wie bei Kahlhiebsstreifen c und d der Tafel III, ist von den in den Tafeln XIII und XIV und Figur 45 dargestellten Einrichtungen mit Vortheil Gebrauch gemacht worden.

Fig. 45.

Die Figur 45 stellt ein Gestell (eine Karre) (A) dar, welche durch Kette und Schraubenanker (B) auf dem Terrain befestigt wird. *) In den Längsträgern des Gestells sind zwei Wellen (a, b) nebeneinander gelagert, die in der Mitte je eine Trommel (c, d), welche am Umfang mit mehreren Rillen versehen sind, trägt. Um diese Trommeln wird eine Kette geschlungen, deren oberes, kurzes Ende an dem heruntergelassenen Wagen befestigt wird, während das andere, längere Kettenende am Fuße des Berghanges je nach der Beschaffenheit des Terrains entweder unmittelbar auf dem Boden oder auf Tragrollen liegt.

An den Enden der Wellen a und b sind Bremsscheiben angebracht, auf welche Bremsklötze durch einen Zug am Hebel (e) drücken und somit die Trommeln mit der Kette und den daran gehängten Wagen zum Stehen bringen. Durch mehr oder weniger starkes Anziehen am Hebel (e) kann

*) Die Buchstaben siehe auf Tafel XIII.

man den Wagen beliebig schnell oder langsam herunterlassen. Während der Wagen bergab geht, zieht sich die auf den Rollen liegende Kette bergan und wird, oben angekommen, alsdann in derselben Weise wie vorhin angeführt, benutzt.

Mit Hülfe dieser Bremswinde wurde eine große Anzahl mit starken Nutzholzstämmen beladener Wagen von einem höher gelegenen Theil der Gassen c und d an einem Abhange von ca. 100 m Länge und ca. 23 m Höhe auf dem senkrecht zum Hange gelegten Schienengeleise sehr leicht und sicher hinuntergelassen (Tafel XIII). Tragrollen für die Kette waren nicht erforderlich. Das Rücken der Hölzer bis zum festen Schienengeleise würde mit bedeutendem Zeit- und Kostenaufwande verbunden gewesen sein, wenn eine derartige Vorrichtung nicht hätte benutzt werden können.*) Die Bremswinde wird zum Preise von 475 Mark von Herrn Dolberg geliefert.

In sehr vielen Fällen wird es an geneigten Bergwänden auch ausreichend sein, das Stammende auf einen Nutzholzwagen mit möglichst starker Ueberladung zu legen und das Zopfende entweder auf dem Terrain zu schleifen oder es auf einem einfachen hölzernen Gestell zu befestigen und dieses als Schlitten auf dem Geleise wirken zu lassen. Daß ferner im sehr steilen Terrain man eingehend zu prüfen hat, ob nicht das Rücken der Nutzhölzer von den Bergwänden bis zur Thalebene in der bekannten Weise durch „Stürzen, Schießenlassen", oder durch einfaches „Riesen" der Stämme billiger und rascher zum Ziele führt, ist einleuchtend.

Hingewiesen möge endlich auch noch auf diejenigen Einrichtungen werden, mittelst welcher beladene Landwagen auf dem Schienengeleise fortzuschaffen sind, so daß eine Umladung weder am Anfangs- noch am Endpunkte des Geleises stattfindet (Figur 46). Die Anwendung dieser Vorrichtung wird dann in Frage kommen, wenn Waldgebiete von festen, guten Chausseen durchschnitten sind, welche zur Anlage des Schienengeleises nicht benutzt werden können und wenn vom Waldesinnern bis zu dieser festen Straße diejenige Last auf dem Landwagen mittelst des Schienengeleises zu befördern ist, die auf der Steinbahn transportirt werden soll.

Die vom Schlage auf das Stammgeleise geschobenen Nutzholzwagen werden hier durch Kuppelungsstangen (Tafel XV) mit einander in Verbindung gebracht und, wenn irgend möglich, so rangirt, daß der Nutzholzwagen mit stärkerem Stamme das erste Glied der Wagenreihe bildet. Je

*) In Osnabrück benutzte man am 8. Oktober zum Herunterlassen der mit Kiefern-Nutzhölzern beladenen Wagen an einem Hange von 20% Steigung leicht transportable Differentialbremsen, welche ohne Gestell am Baumstamm mit Leichtigkeit befestigt wurden und gut funktionirten.

Fig. 46.

nach den Gefäll-Verhältnissen des festen Schienenstranges und nach der Körperbeschaffenheit der Zugkräfte ist die Anzahl der miteinander zu verbindenden Nutzholzwagen (Bruttolast) zu bemessen. Auf dem hiesigen festen Geleise mit wechselnden Gefäll-Verhältnissen — Gegengefäll auf kürzeren Strecken bis 4% — waren zwei Pferde von mittlerer Beschaffenheit im Stande, ohne eine Abkuppelung der Wagen auf der steilsten Strecke vornehmen zu müssen, eine Nutzladung bis zu 13 fm, oder mit Anrechnung der hierzu verwendeten 12 Wagen eine Bruttolast von ca. 10000 kg zu transportiren.

Bei stellenweis im festen Schienenstrange etwa vorkommenden stärkeren Steigungen, — welche indessen nur unter besonderen, ungünstigen, nicht zu beseitigenden Umständen gerechtfertigt sein dürften, — ist es empfehlenswerth, die Abkuppelung der Wagen vorzunehmen und successive letztere über diese Terrain-Hindernisse fortzuschaffen, anstatt Vorspann anzuwenden.

Die Fortbewegung des zusammengekuppelten Nutzholzzuges (von je nach Länge der zu transportirenden Stämme verschiedener Ausdehnung von 80 bis 150 m) geschieht durch zwei Pferde (Tafel XVI), von denen das eine an der linken, das andere an der rechten Seite des Schienenstranges schreitet. Bei Gefällen und Gegengefällen des festen Stranges ist die Begleitung eines Arbeiters für die Handhabung der Bremse erforderlich.

Bei festem Geleise mit stärkerer als der vorhin angegebenen Fallrichtung — 3% — unterbleibt der Transport mittelst Pferdekraft und genügt die Führung der mit guten Bremsvorrichtungen versehenen Wagen durch den Arbeiter.

Wie bereits erwähnt, ist die Ablage im Jagen 81 den Nutzholzklassen entsprechend in 5 Abtheilungen zur Aufnahme der Nutzholzstämme eingetheilt. Vom festen Schienenstrange aus sind durch Einfügung von Weichen die Geleise zu diesen Abtheilungen geführt. Die beladenen Wagen werden vom festen Geleis aus an die betreffende Nutzholzklasse herangeschoben und hier abgeladen.

3. Abladen der Hölzer.

Das Abladen der schweren Langnutzhölzer geschieht je nach den Einrichtungen des Drehschemels auf folgende Weise:

Bei Wagen, welche mit sehr schweren Hölzern beladen, sind zunächst die Bremsen festzustellen. Einfüßige hölzerne Böcke, wie solche in Tafel XVII verdeutlicht, werden sodann dicht am Wagen möglichst weit unter den Stamm geschoben. Beim geraden Drehschemel wird hierauf der Stamm mittelst einfacher Hebestangen zum Kippen und Herabrollen auf den beiden Böcken gebracht. Beim Kippdrehschemel ist nur die Feststellung der Kippvorrichtung zu lösen, der Stamm rollt in Folge dessen auf den Böcken herunter.

Bei schwereren und mit stärkeren Krümmungen versehenen Stämmen ist mittelst eines dritten Bockes und einer Kastenwinde der Stamm in seinem tiefsten Punkte emporzuheben; hierdurch kippen die Böcke und der Stamm rollt auf der so gebildeten schiefen Ebene mit Leichtigkeit herab.*)

Auf dem Ablageplatze sind zwei Arbeiter zum Abladen der Stämme, Legen der Geleise, Rangiren der leeren Züge u. s. w. ausreichend, wenn nur zwei Pferdekräfte benutzt werden.

Fig. 47.

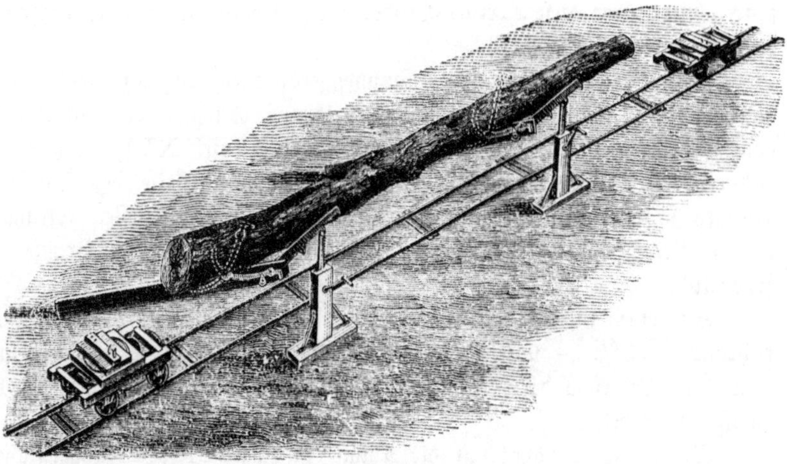

C. Kosten.

Was die Kosten des Ladens, Transportes und Abladens anlangt, so sind diese nicht generell anzugeben, sondern von verschiedenen Faktoren abhängig. Lage, Gestalt des Stammes — ob krumm oder gestreckt —, Terrainbeschaffenheit, Aufladevorrichtung sind maßgebend. Die hiesigen Versuche, bei welchen verschiedene Systeme vertreten waren und bei welchen es darauf ankam, dieselben genau zu prüfen, zu vergleichen und zu verbessern, bei denen ferner fortwährende Besichtigung von für die Waldeisenbahnen sich interessirenden Persönlichkeiten (500) stattfand, können nicht gut zum Anhalte benutzt werden. Nach Abschluß der Versuche und Verbesserungen an den verschiedenen Systemen und Aufladevorrichtungen, nach Einarbeitung der Waldarbeiter waren vier Arbeitskräfte in der Lage,

*) In der Görlitzer Stadtforst wurde vom Fabrikanten **Spalding** die in Figur 47 dargestellte Abladevorrichtung vorgeführt, welche in Verbindung mit den oben beschriebenen Kastenwinden verwendet wird. Der Stamm wird zuerst soweit gehoben, daß die Wagen entfernt werden können und dann abgewälzt. Daß bei dieser Art des Abladens das Wagenmaterial sehr geschont wird, ist einleuchtend.

im ebenen und wellenförmigen Terrain stündlich drei Doppelwagen, oder bei achtstündiger Arbeitszeit täglich 24 Doppelwagen zu beladen. Nimmt man durchschnittlich 2 fm als Nutzladung an, so beträgt der Preis des Ladens pro fm bei einem Männertagelohn von 1,75 Mark = „0,15 Mark", worin eingeschlossen ist das Legen des Geleises bis zum zu ladenden Stamm und der Transport der Wagen bis zum festen Schienenstrange auf ca. 400 m Entfernung und wobei ein weiteres Rücken des Holzes im Schlage vor dem Aufladen nicht vorausgesetzt wird. Im steileren Terrain betragen diese Sätze ca. 20 bis 30% mehr.

Auf der erwähnten festen Schienenstrecke — 3 km — mit verschiedenartigen Gefäll-Verhältnissen wurden von zwei Pferden täglich fortgeschafft 4 Wagenzüge mit in Summa rot. „50 fm"; die beiden Pferdekräfte mit Kutscher und einem Arbeiter zum Bremsen mit 10,75 Mark täglich in Ansatz gebracht, erfordert pro fm zu bewegen auf der festen Strecke rot. „0,22 Mark".

Das Abladen der 4 beladenen Wagenzüge, Rangiren der leeren Züge, 2 Arbeitskräfte à 1,75 Mark = 3,50 Mark, erfordert für den fm = „0,07 Mark".

Nach angestellten Untersuchungen ist ein zweispänniges Fuhrwerk in der Lage, auf der erwähnten Strecke pro Fuhre 2,5 fm vom Schlage bis zum Holzablageplatz zu transportiren. Bei Annahme, daß der Fuhrmann mit einem Arbeiter das Ab- und Aufladen vornimmt und täglich auch vier Fuhren heranschafft, stellt sich der Preis pro fm auf 1,07 Mark, wobei täglich 0 Mark für das Fuhrwerk nebst Kutscher und 1,75 Mark für den Arbeiter gerechnet sind.

Durch die Benutzung des Schienengeleises stellt sich also eine Ersparniß von 0,63 Mark pro fm heraus. Daß letztere beim Transport um so größer wird, je weiter das Holz fortgeschafft werden muß, liegt auf der Hand; ebenso ist einleuchtend, daß das Schienengeleis erst recht seinen bedeutenden Nutzen zeigen wird, wenn die Hauptadern des Schienennetzes mit günstigen Gefäll-Verhältnissen unter Befolgung der im Kapitel 1 hervorgehobenen Grundsätze ausgebaut worden sind.

D. Finanzieller Effekt.

Ist es auch schwierig, zahlenmäßig nachzuweisen, welchen Einfluß gute Verkehrswege und mit diesen in Verbindung gebrachte Holzlagerplätze auf die Preissteigerung der Waldprodukte ausüben — weil jeweilige Konjunkturen, Qualität des Holzes u. s. w. auch zu berücksichtigen sind — so ist doch die Thatsache bei allen hiesigen Verkäufen wahrzunehmen, daß bei gleicher Qualität der Hölzer und richtiger Zusammenstellung der Verkaufsloose der ganze Holzhandel auf der Ausgleichung der Frachtdifferenzen beruht. In dem zu Versuchszwecken bestimmten Jagen 33 ist ein Theil der geschlagenen Bau- und Nutzholzstämme im Schlage verkauft, während der andere Theil mittelst des Schienengeleises auf den Holzablageplatz geschafft und dort verwerthet worden ist. Die Qualität der Hölzer war dieselbe, die Versteigerung fand an ein und demselben Tage statt. Das Ergebniß stellte sich in der Weise, daß die Hölzer auf dem Holzablageplatze „17% höher" als im Schlage verkauft wurden. Meines Erachtens ist dies darin begründet, daß die Vortheile des Holzablageplatzes die größere Konkurrenz und somit die Preissteigerung herbeiführten. Ich glaube, daß in Waldgebieten mit guten und bedeutenden Quantitäten von Handelshölzern auf die Anlage von Holzlagerplätzen heutzutage noch viel zu wenig Gewicht gelegt wird. Durch die richtige Auswahl derselben ist dem Produzenten die Möglichkeit geboten, die Sortirung, Bildung der Verkaufsloose den Handelsinteressen entsprechend mit Leichtigkeit vornehmen zu können, während der Händler in der Lage ist, hier nicht nur sein Holz austrocknen oder auch zurichten zu lassen, sondern es auch in der Hand hat, günstige Markt-Konjunkturen abwarten und nach Bedürfniß verladen zu können.

Nicht unberechtigt, glaube ich, ist die Klage der Großhändler, daß eine Masse von Umständlichkeiten, Beschwerlichkeiten und Kosten ihnen dadurch erwachsen, daß die gefällten und aufgearbeiteten Bau- und Nutzholzstücke erst durch die Fuhrleute an fahrbare Straßen herangeschleppt werden müssen.

Wenn durch die hiesigen Versuche mir die Gelegenheit geboten wurde, verschiedene Systeme in Bezug auf ihre Verwendung für den Transport der Bau- und Nutzhölzer eingehend zu prüfen und in Gemeinschaft mit strebsamen Fabrikanten zahlreiche Verbesserungen vornehmen zu können, so ist die Ausbildung des Schienengeleises für den forstlichen Betrieb damit durchaus noch nicht vollständig abgeschlossen. Es dürfte daher von großem Nutzen sein, diesem hochwichtigen Gegenstande auch ferner die vollste Aufmerksamkeit zuzuwenden.

Buchdruckerei von Gustav Lange jetzt Otto Lange, Berlin.

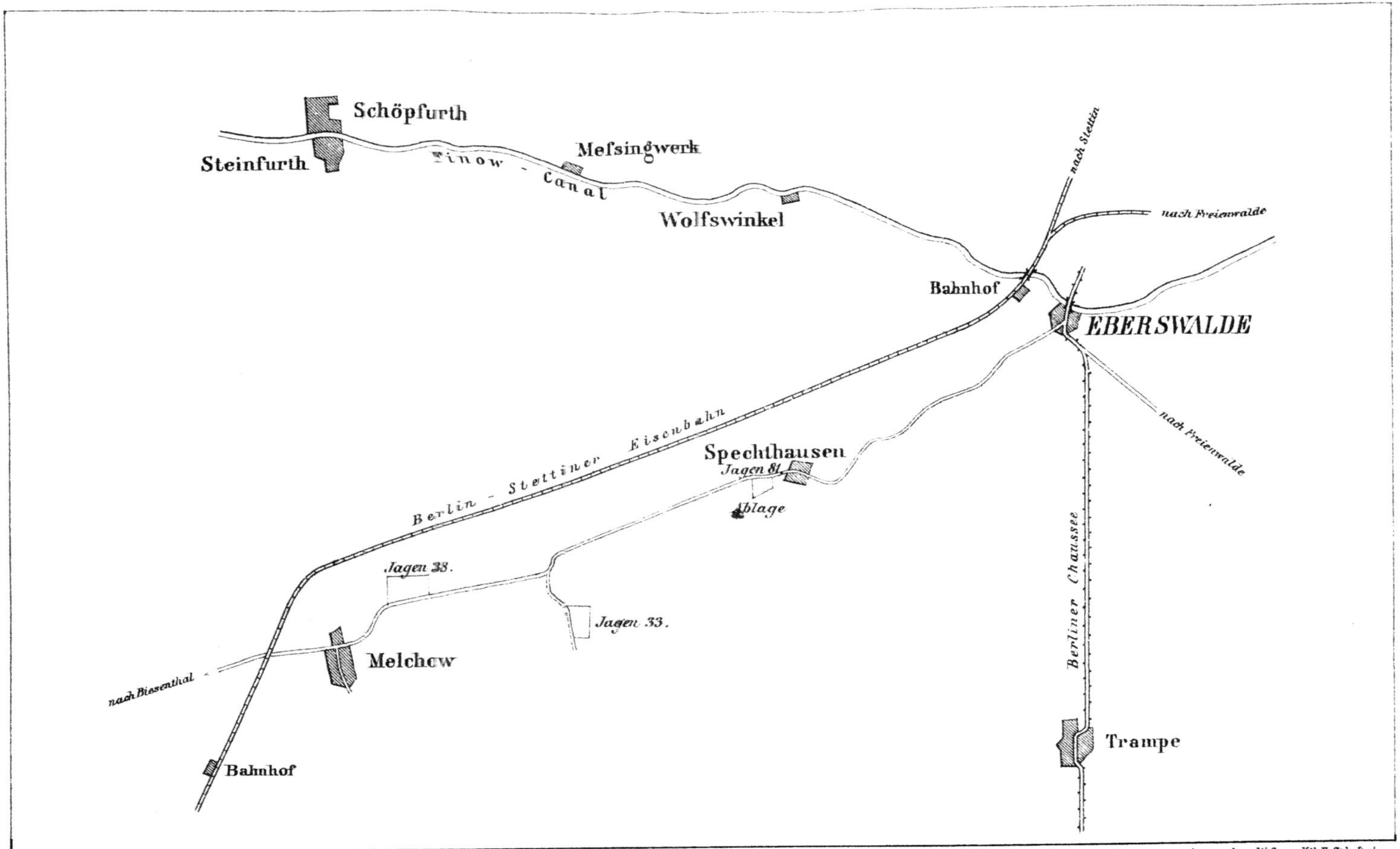

Verlagsbuchhandlung von Julius Springer in Berlin. N
Autographie v. W. Greve. Kgl. Hoflith. Berlin

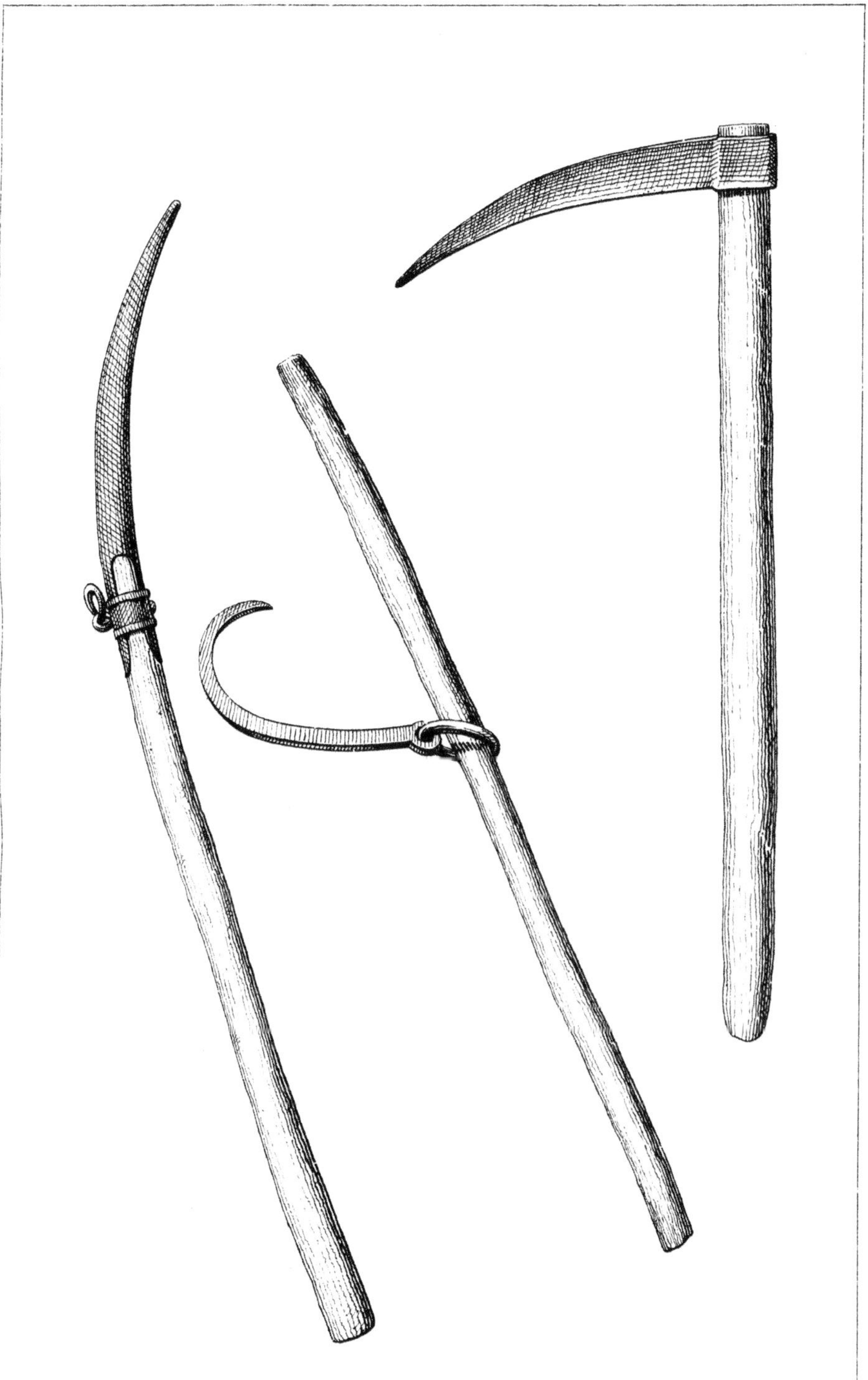

Verlagsbuchhandlung von Julius Springer in Berlin. N.

Autographie v. W. Greve Kgl. Hoflith. Berlin

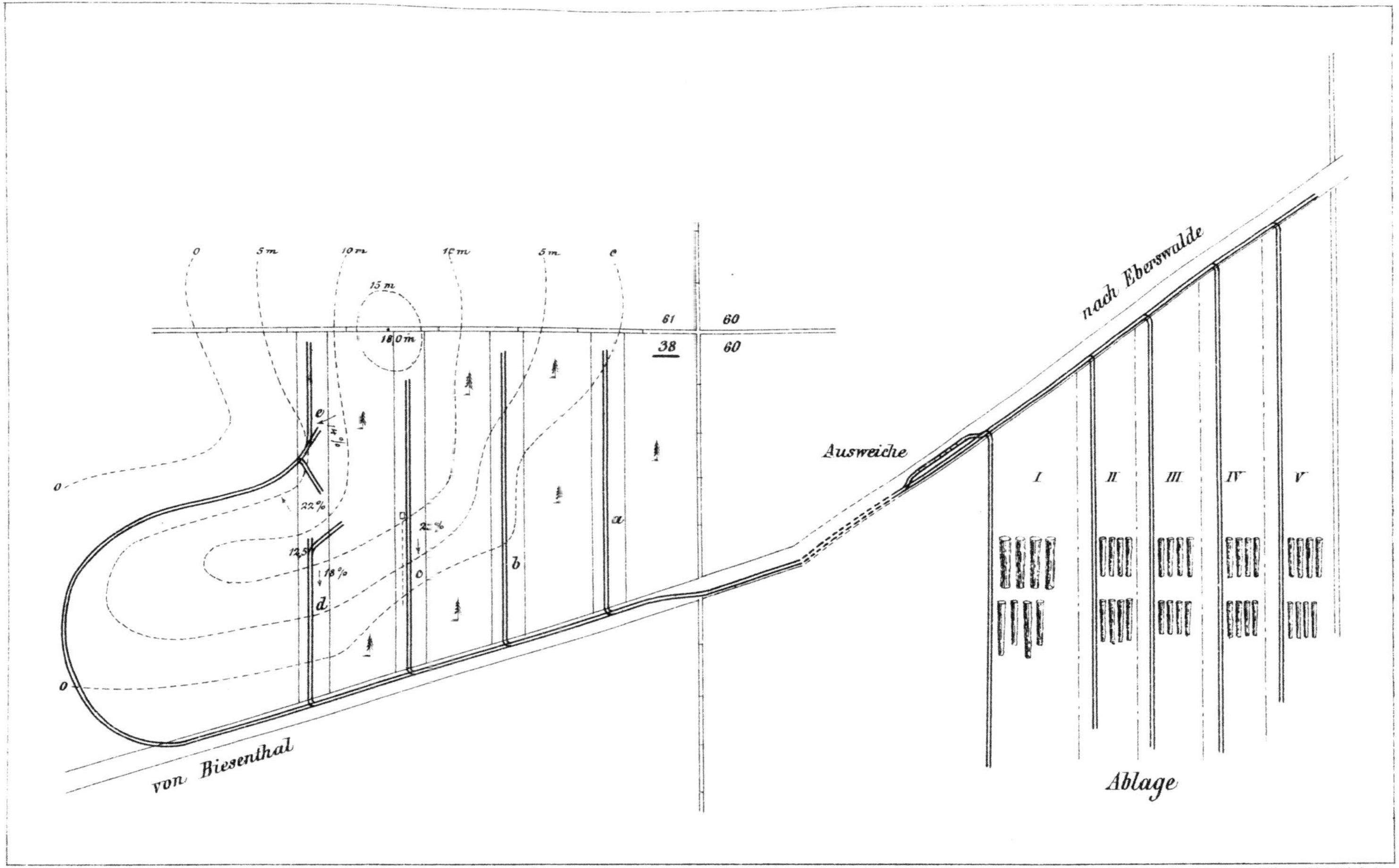

Verlagsbuchhandlung von Julius Springer in Berlin N.

Autographie v. W. Greve, Kgl. Hoflith. Berlin

Tafel IV.

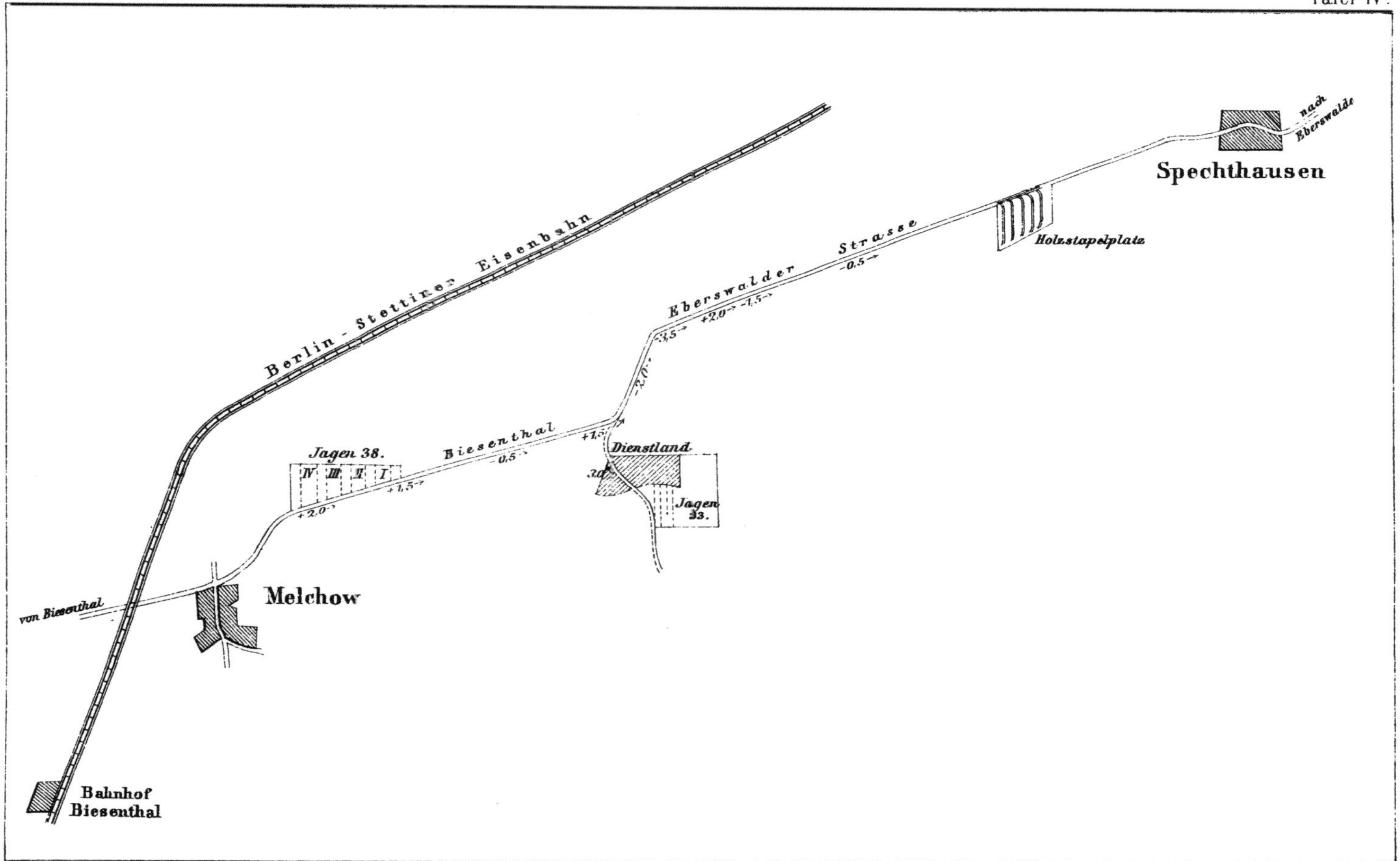

Verlagsbuchhandlung von Julius Springer in Berlin N.

Autographie v. W. Greve, Kgl. Hoflith. Berlin

Verlagsbuchhandlung von Julius Springer in Berlin. N.
Autographie v. W. Greve Kgl. Hoflith. Berlin

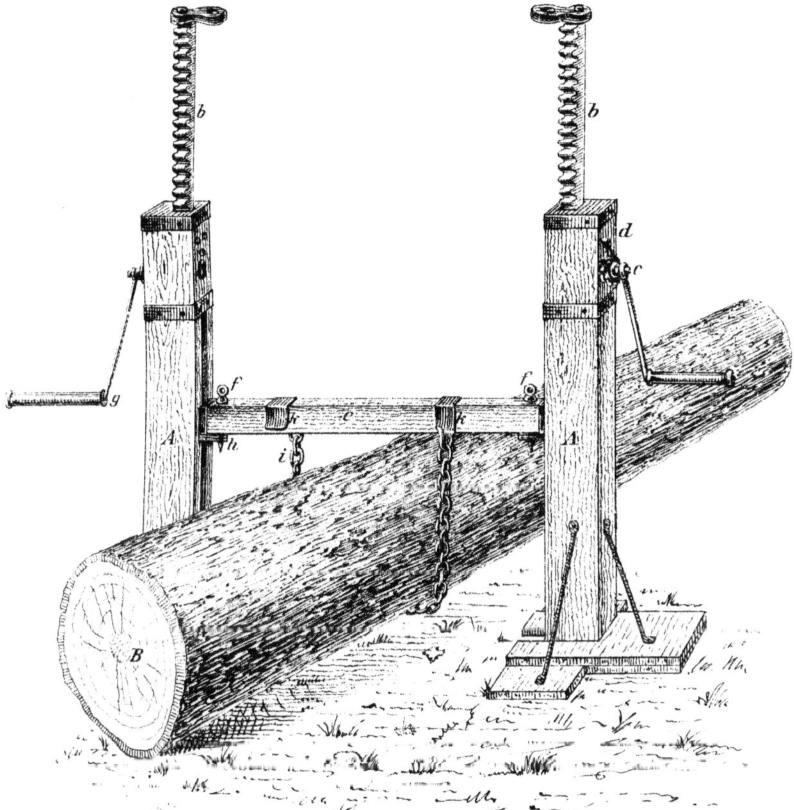

Verlagsbuchhandlung von Julius Springer in Berlin. N.

Autographie v. W. Greve Kgl. Hoflith. Berlin

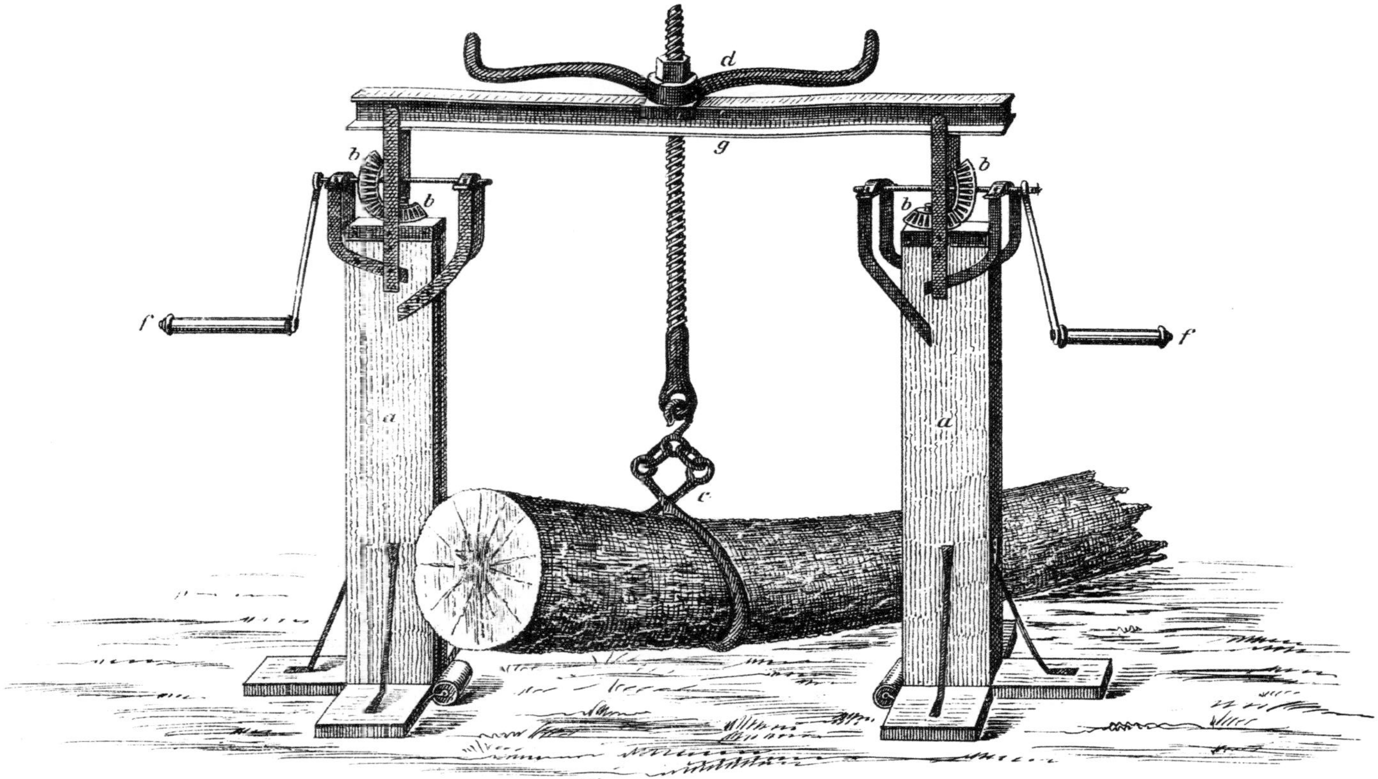

Verlag d. Buchhandlung von Julius Springer in Berlin N.
Autographie v. W. Greve. Kgl. Hoflith. Berlin

Verlagsbuchhandlung von Julius Springer in Berlin N.
Autographie v. W. Greve Kgl. Hoflith. Berlin

Additional information of this book

(Die Waldeisenbahnen; 978-3-662-23916-2_OSFO) is provided:

EXTRA MATERIALS extras.springer.com

http://Extras.Springer.com

Verlagsbuchhandlung von Julius Springer in Berlin. N.

Autographie v. W. Greve, Kgl. Hoflith., Berlin

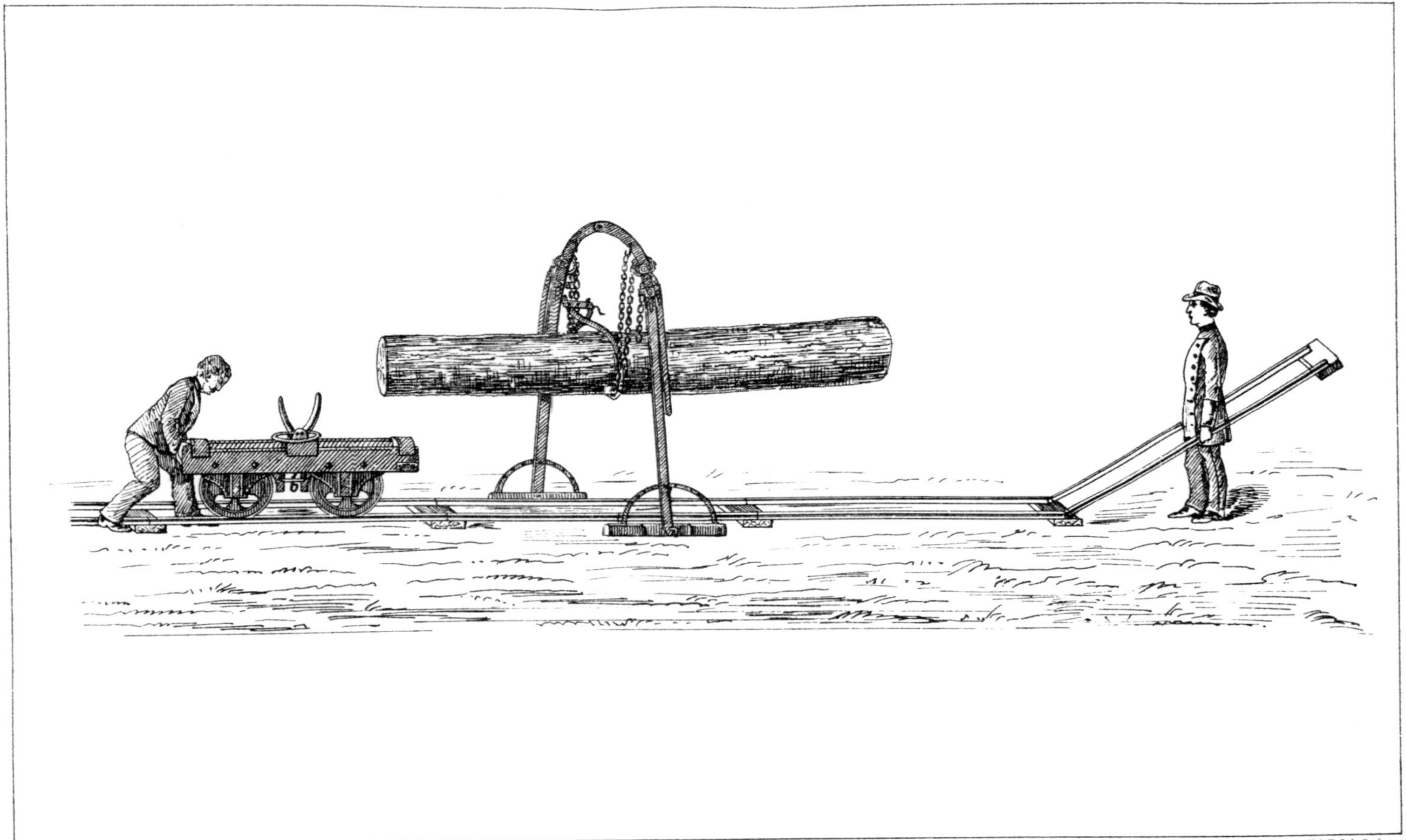

Verlagsbuchhandlung von Julius Springer in Berlin N.

Autographie v. W. Greve Kgl. Hoflith. Berlin

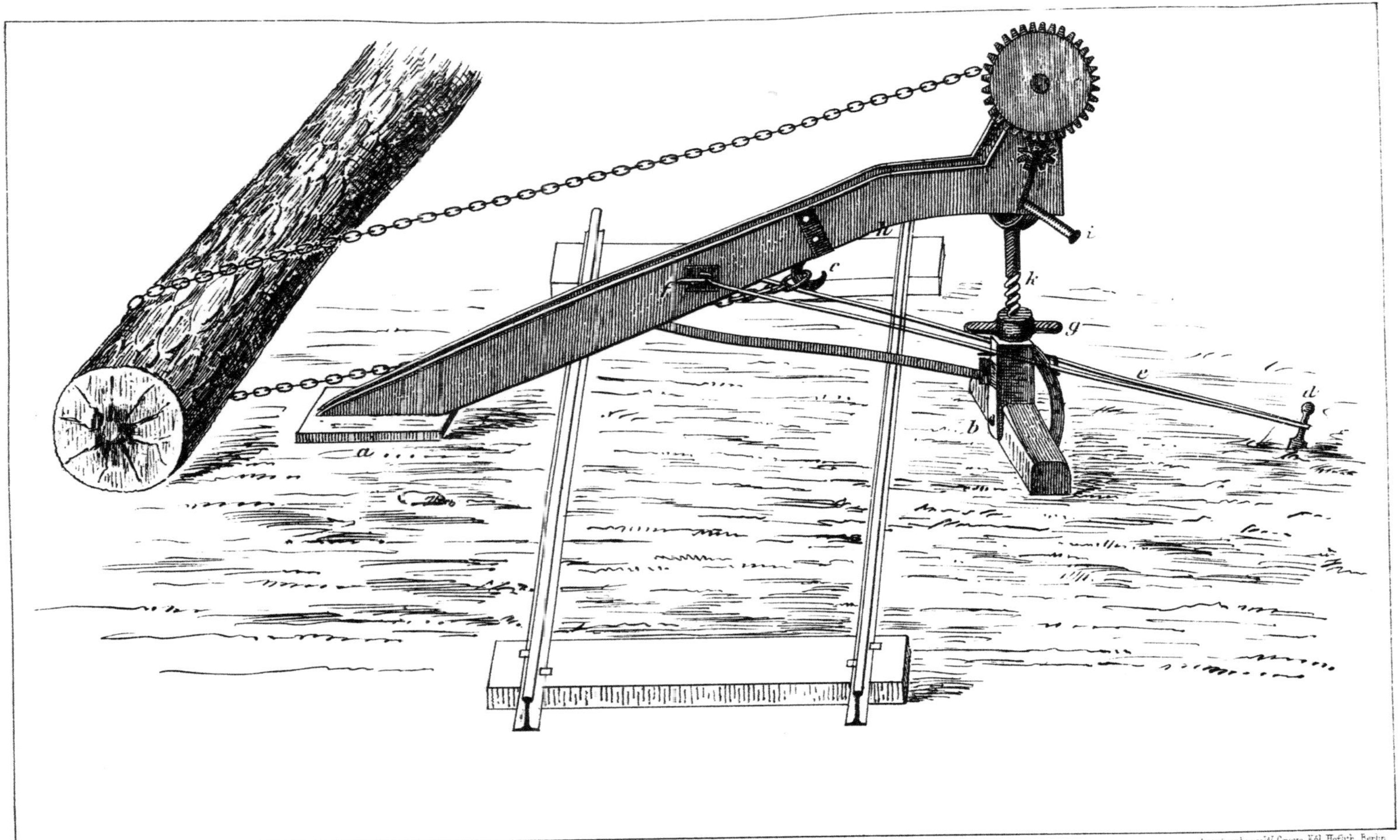

Verlagsbuchhandlung von Julius Springer in Berlin, N.
Autographie v. W. Greve Kgl. Hoflith. Berlin

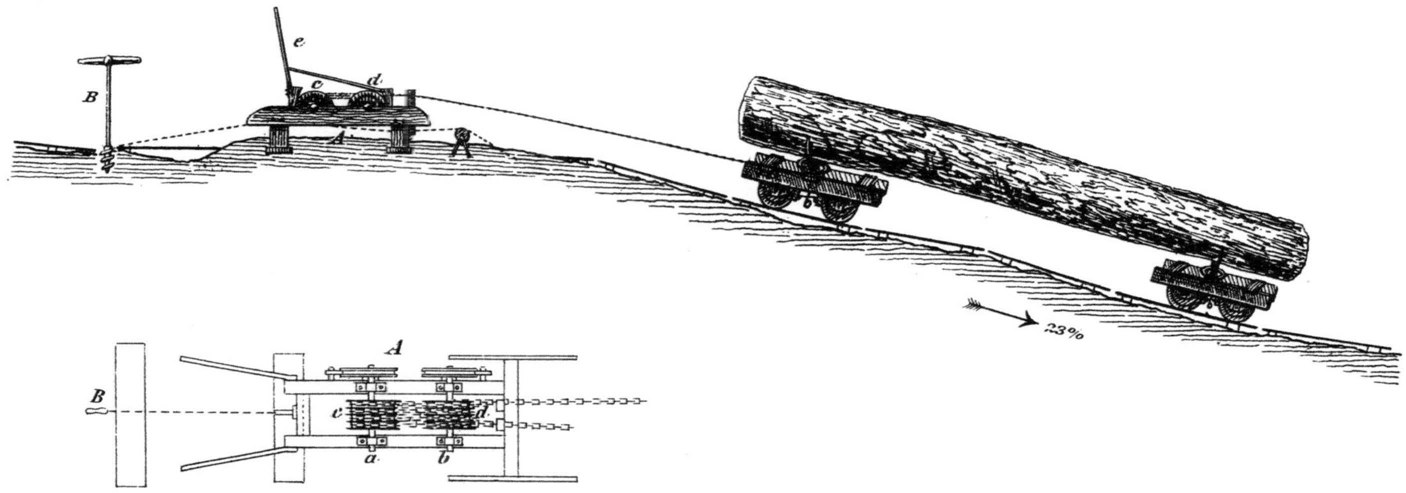

Verlagsbuchhandlung von Julius Springer in Berlin N.

Autographie v. W. Greve Kgl. Hoflith. Berlin

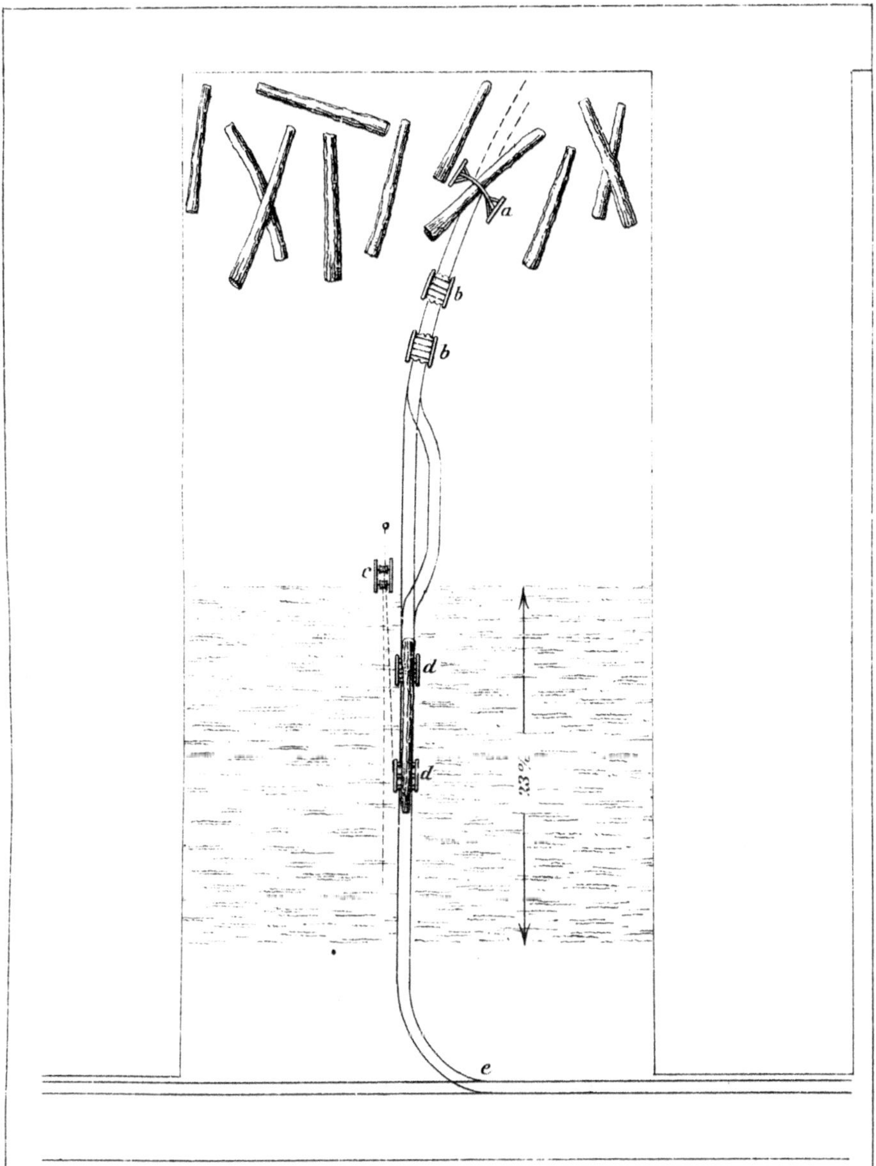

a. Baumkrahn
b. Wagen
c. Bremswinde
d. Beladene Wagen am Abhange
e. Kletterweiche.

Verlagsbuchhandlung von Julius Springer in Berlin N.

Autographie v. W. Greve Kgl. Hoflith. Berlin

Verlagsbuchhandlung von Julius Springer in Berlin, N.

Autographie v. W. Greve, Kgl. Hoflith. Berlin

Tafel XVI.

Verlagsbuchhandlung von Julius Springer in Berlin. N.

Autographie v. W. Greve, Kgl. Hoflith. Berlin

Verlagsbuchhandlung von Julius Springer in Berlin N.

Autographie v. W. Greve Kgl. Hoflith. Berlin

Verlag von Julius Springer in Berlin N.,
Monbijouplatz 3.

Lehrbuch der Forstwissenschaft.

Für Forstmänner und Waldbesitzer.

Von **Karl von Fischbach,**
Fürstlich Hohenzollern'scher Oberforstrath.

Dritte, vermehrte und verbesserte Auflage.

Preis M. 10,—.

Praktische Forstwirthschaft.

Von **Karl von Fischbach,**
Fürstlich Hohenzollern'scher Oberforstrath.

Preis M. 8,—.

Die Pflanzenzucht im Walde.

Ein Handbuch
für Forstwirthe, Waldbesitzer und Studierende.

Von **Hermann Fürst,**
Königl. Bayr. Forstmeister und Direktor der Forstlehranstalt Aschaffenburg.

Mit 40 in den Text eingedruckten Holzschnitten.

Preis M. 5,—; geb. M. 6,—.

Zeitschrift

für Forst- und Jagdwesen.

Zugleich

Organ für forstliches Versuchswesen.

In Verbindung mit den Lehrern der Forstakademie zu Eberswalde sowie nach amtlichen Mittheilungen herausgegeben

von **Dr. jur. Bernhard Danckelmann,**
Königl. Preuß. Oberforstmeister und Direktor der Forstakademie zu Eberswalde.

Jährlich 12 Hefte. Preis halbjährlich M. 8,—.

Die seit dem 1. Juli 1879 in Monatsheften erscheinende Zeitschrift für Forst- und Jagdwesen bringt in größeren wissenschaftlichen Abhandlungen Aufsätze aus allen Disciplinen der Forstlehre, — unter Mittheilungen ausführliche Berichte über die Versammlungen aller größeren Forstvereine, sowie kleinere Aufsätze aus der Praxis; — die Statistik enthält nach amtlichen Berichten angefertigte tabellarische Zusammenstellungen der auf das Forstfach bezüglichen statistischen Erhebungen in Verbindung mit größeren und kleineren Abhandlungen; — die literarische Rubrik bringt ausführliche und völlig objective Kritiken über forstliche Werke; — die Notizen endlich dienen zur Aufnahme kleiner Beobachtungen etc. aus der Praxis, welche für größere Kreise von Interesse sind.

Die monatlichen Beobachtungs-Ergebnisse der im Königreich Preußen, Königreich Württemberg, Herzogthum Braunschweig und in den Reichslanden eingerichteten 14 forstlich-meteorologischen Stationen, herausgegeben von Prof. Dr. A. Müttrich in Eberswalde, werden ferner den einzelnen Heften gratis beigegeben.

Die Zeitschrift erscheint pünktlich in den ersten Tagen eines jeden Monats. Der Umfang eines jeden Heftes beträgt zwischen 3 und 5, im Durchschnitt 4 Druckbogen (à 16 Seiten). — Der Umfang des Jahrgangs 48 Bogen Groß-Octav.

Alle Buchhandlungen und Postanstalten nehmen Abonnements entgegen.

Chronik des Deutschen Forstwesens.

Begründet von **A. Bernhardt.** Fortgeführt von **Friedr. Sprengel.**

Seit dem Jahre 1881 bearbeitet von

Wilh. Weise,
Forstrath und Professor in Karlsruhe i. B.

Bis jetzt erschienen 11 Hefte, die Jahre 1873—1885 umfassend; soweit der Vorrath reicht werden die
erſ 10 Hefte bis auf Weiteres für den ermäßigten Preis von M. 10,— zusammen, oder Heft I und II
à 2 —,90, Heft III—IX à M. 1,— und Heft X für M. 1,20 abgegeben. Preis für Heft XI M. 1,20.

Alljährlich erscheint ein Heft.

Zu beziehen durch jede Buchhandlung.

Zu beziehen durch jede Buchhandlung.

GPSR Compliance

The European Union's (EU) General Product Safety Regulation (GPSR) is a set of rules that requires consumer products to be safe and our obligations to ensure this.

If you have any concerns about our products, you can contact us on ProductSafety@springernature.com

In case Publisher is established outside the EU, the EU authorized representative is:

Springer Nature Customer Service Center GmbH
Europaplatz 3
69115 Heidelberg, Germany

Batch number: 10682325

Printed by Printforce, the Netherlands